선인장 키우는

예쁜 ____________________ 에게

HOW TO TRAIN YOUR CACTUS
Conceived and produced by Elwin Street Productions Limited
Copyright Elwin Street Productions Limited 2018
14 Clerkenwell Green
London EC1R 0DP
www.elwinstreet.com

일러두기

- 선인장과 다육식물의 명칭이 우리나라에서 공식적으로 정해지지 않은 것이 많아 몇 가지 기준에 따라 명칭을 표기합니다.
- 학명은 전 세계적으로 공통된 명칭이므로 국가표준식물목록에 나오는 명칭을 우선시했으며, 없을 시에는 외래어 표기법에 따라 표기합니다.
- 속명은 국가표준식물목록이나 식물도감에 나오는 명칭을 우선시했으며, 없을 시에는 학명, 영문명의 발음, 영문명의 뜻풀이, 시중에서 널리 쓰이는 유통명 중 가장 일반적인 명칭에 따라 표기합니다.
- ●는 공기정화 효과가 탁월한 식물, ●는 쑥쑥 잘 커서 기르는 재미가 있는 식물, ●는 햇빛이 잘 드는 창가에서 더욱 매력적으로 자라는 식물, ●는 특유의 개성 넘치는 꽃이 예쁘게 피는 식물에 따라 분류한 것입니다.

선인장 키우는 예쁜 누나

올려놓고 바라보면
무럭무럭 잘 크는
트렌디한 다육 생활

톤웬 존스 지음
한성희 옮김

팩토리나인

prologue 식물과 가족이 되어볼래요?

여러분은 가시 있는 도도한 매력의 선인장을 좋아하나요? 작고 귀여워 사랑스러운 다육식물을 좋아하나요?

어떤 것이건 식물을 잘 키우지 못해 족족 죽이는 '식물킬러'라면 선인장과 다육식물은 딱 좋은 실내화초랍니다. 보기 좋고 손이 많이 가지 않거든요. 이들은 편한 룸메이트가 되어, 여러분의 실내 공간에 독특한 개성과 활력을 불어넣어줄 거예요.

제가 선인장을 사랑하게 된 건 어릴 때 갔던 런던 큐 왕립식물원에서의 경험 때문이었어요. 할머니는 일고여덟 살 난 저를 온실에 데려가셨는데, 그때 본 초록 식물의 모양과 색깔, 감촉이 아주 인상적이었어요. 십 수 년 후 제가 디자인한 지도를 전시하러 그 온실에 다시 갔으니 정말 신기하지 않나요!

특히 모로코의 마조렐 정원에서 만난 선인장, 제 결혼식 때 부케로 쓴 다육식물, 집과 작업실을 선인장으로 꾸미면서 그들은 오랫동안 쭉 제게 즐거움과 감동을 안겨줬어요.

여러분도 취향에 꼭 맞는 식물이 눈에 들어오면 집으로 데려오세요. 나만의 공간을 초록 친구들로 장식하는 즐거움을 느낄 거예요.

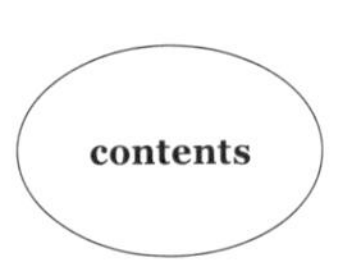

contents

prologue 식물과 가족이 되어볼래요? 4

Part 1

내 삶에 찾아온 초록 친구들

어떤 식물을 데려올까? · 10 어디에 살게 할까? · 12
새 가족을 맞이할 준비 · 14 어떻게 뽐낼 수 있을까? · 18
이것만은 주의해요! · 20 조심해야 할 해충과 질병들 · 24
나만의 미니 정원 만들기 · 26

Part 2

예쁘게, 튼튼하게 잘 키우는 법

공기정화에 좋아요

흑법사 · 33 알로에 베라 · 35 용설란 · 37
복륜산세베리아 · 39 염자 · 41 꽃기린 · 43
십이지권 하워르티아 · 45 만손초 · 47
멕시코울타리선인장 · 49 금호선인장 · 51

쑥쑥 잘 자라요

까라솔 • 53 흑괴리 • 55 성미인 • 57 부다템플 • 59
백운금선인장 • 61 장군선인장 • 63 아피니스 • 65
월토이 • 67 청쇄용 크라술라 • 69 만보 • 71 캘리코 키튼 • 73
조비바르바 글로비페라 • 75 낚싯바늘선인장 • 77

햇살을 좋아해요

녹태고 • 79 백도선선인장 • 81 썬버스트 철화 • 83
기둥선인장 • 85 우주목 • 87 파인애플선인장 • 89
펄 폰 뉘른베르크 • 91 홍옥 • 93 천년초 • 95 연필선인장 • 97
비모란선인장 • 99 데저트 캔들 • 101 중국돈나무 • 103
명나라선인장 • 105

개성 넘치는 꽃이 펴요

러브체인 • 107 멕시칸 스노우볼 • 109
크리스마스선인장 • 111 황금사선인장 • 113 난봉옥선인장 • 115
이부인 • 117 백단선인장 • 119 컬리락 • 121
금빛백합선인장 • 123 성을녀 • 125 옥주염 • 127
거미바위솔 • 129 하티오라선인장 • 131

찾아보기 132
저자 소개 134

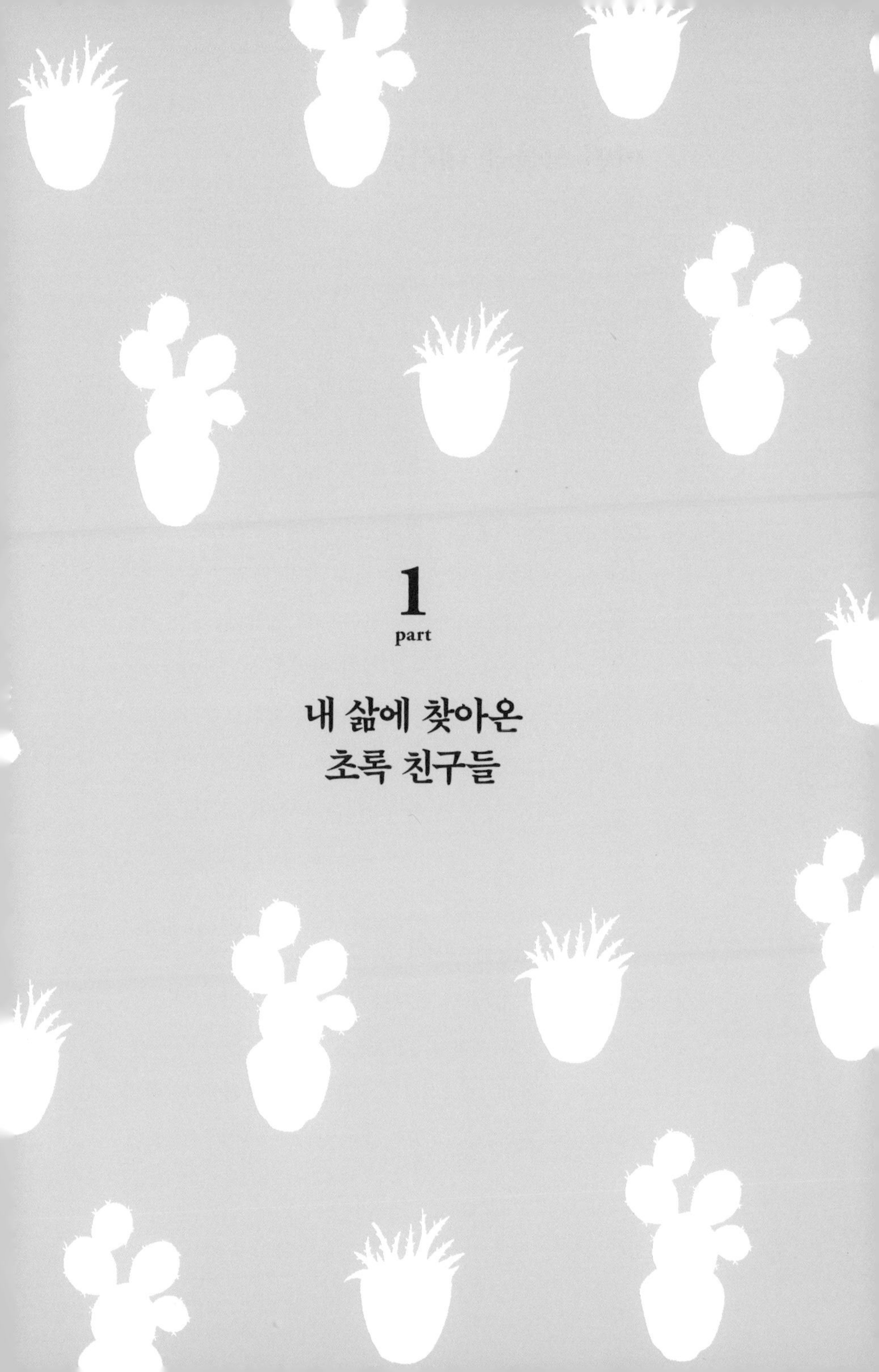

1
part

내 삶에 찾아온
초록 친구들

어떤 식물을 데려올까?

선인장과 다육식물은 구별하기가 좀 헷갈려요. 선인장이나 알로에 등은 다육식물군에 속하지만, 보통 우리가 흔히 말하는 다육식물과는 구별되거든요. 선인장은 '엽맥areoles'으로 알 수 있어요. 작고 납작한 방석처럼 생긴 엽맥은 선인장에만 있는데, 이는 털, 가시, 꽃, 가지 등으로 자랄 수 있어요. 다육식물 중에서 흔히 가시가 있는 것을 분류한 것이 선인장인데 선인장이라고 모두 가시가 있는 건 아니랍니다. 가시가 적거나 없는 것도 있어요.

반대로 다육식물에 가시가 있기도 해요. 다육식물은 장미 모양 송이, 뾰족뾰족한 줄기, 촛대나 단추 모양의 잎이 달린 싹에 이르기까지 모양과 색이 참 다양해요. 다육식물은 주로 사바나와 사막에서 오는데, 열대우림과 정글에서 온 것들도 있어요(여기서 만날 식물들은 대개 아프리카, 호주, 북아메리카에서 왔어요).

사막이나 가뭄이 심한 곳에서 살았던 선인장과 다육식물은 건조하고 따뜻한 날씨를 잘 견뎌내요. 이들은 기회만 있으면 몸에 물을 저장해놓으려고 해서 얼마간은 물 없이도 지낼 수 있어요. 다육식물의 몸통과 잎, 줄기가 통통하게 살찐 것도 이 때문이에요.

이 친구들을 어디서 구할 수 있냐고요? 꽃가게, 시장, 원예용품점 등에서 구할 수 있어요! 할인점이나 마트는 화분과 가드닝툴을 구하기에 좋아요. 요즘엔 온라인 플랜트숍이 잘돼 있어서 전국적으로 식물을 배송받을 수 있어요(학명과 속명을 꼼꼼히 확인해야 정확히 원하는 것을 구매할 수 있어요). 여러분이 어디에 살고 있건 사랑스러운 다육식물을 키울 수 있다는 것이죠!

어디에 살게 할까?

자, 이제 여러분은 초록 친구들을 집에 초대하기로 결정했군요! 그들의 보금자리를 어디에 마련할까요?

우선, 장소를 정하고 여유 공간을 만들어요.

선인장이나 다육식물은 햇빛을 아주 좋아하니까, 따뜻한 햇살이 잘 들어오는 창가나 테이블 한쪽에 둬요. 천장에 걸어 두는 행잉플랜트는 모던한 분위기를 연출할 수 있어 인기가 좋고, 책꽂이나 선반 위에 두는 것도 괜찮아요. 대신 햇빛을 가리는 것은 전부 치워야 해요.

식물이 놓일 공간의 일조량뿐 아니라 여러분의 식물이 습기에 얼마나 잘 견딜 수 있는지 꼭 확인해요. 어떤 다육식물은 습도가 높은 환경을 못 견뎌서 부엌이나 화장실을 싫어해요. 어떤 식물은 반그늘을 좋아해서 구석진 곳이나 높은 장소에 두면 눈에 확 띄어 인테리어 효과도 있어요.

그다음에는 식물이 담길 화분을 생각해요.

다육식물은 대부분 자기 몸집보다 조금 더 큰 화분을 좋아해요. 지나치게 큰 화분은 물을 준 후 습기가 오래 지속되어 웃자람의 원인이 되기도 해요. 화분이 적당히 커야 물이 잘 빠져서 건조한 환경이 유지될 수 있어요. 또 화분에 흙이 지나치게 많으면 물이 잘 빠지지 않을 수 있으니 적당히 담아주어야 해요.

마지막으로 한 가지, 여러분의 반려식물은 매년 새로운 화분(그리고 새 장소)으로 옮겨주면 정말 고마워할 거예요. 식물이 자랄수록 물을 주거나 비료를 줄 때 힘들고, 위쪽이 점점 무거워져서 화분이 쓰러질 수 있기 때문이에요.

새 가족을 맞이할 준비

여러분의 친구들이 햇빛이 부족한 실내 환경과 좁은 화분에서도 무럭무럭 자라게 하려면 몇 가지 준비물과 가드닝툴이 필요하답니다.

화분을 골라요

테라코타화분(흙으로 만든 화분)과 시멘트화분은 구멍이 많은 다공성 재질이어서 다육식물을 기르기 좋아요. 특히 테라코타화분은 사용된 흙이나 질감, 색감에 따라 종류가 다양해서 선택의 폭도 넓죠. 플라스틱화분도 괜찮아요. 단, 물 빠짐 구멍이 꼭 필요해요. 만약 마음에 드는 화분이 있는데 구멍이 없어도 걱정하지 말아요. 직접 뚫어서 사용하면 되니까요.

특유의 차가운 느낌이 식물의 초록빛과 잘 어우러지는 양철화분도 추천해요. 아주 특별한 것을 원한다면 테라리움(식물 재배용 유리 볼-옮긴이)을 활용해 여러분만의 초록 우주를 만들어요. 이런 화분은 물 빠짐 구멍이 없다는 사실을 꼭 기억해요(그래서 자갈층과 적절한 물 주기가 필수예요). 투명한 유리 볼 안에 마사토(세척마사)를 담고 다양한 크기의 식물과 작은 조각상을 여러 가지로 배치하면서 미니 정원을 만들어요.

깔망부터 깔아요

화분 밑 구멍에 자갈흙이 빠지지 않도록 깔망을 깔아요. 깔망이 없으면 양파망을 잘라 사용해도 좋아요.

흙을 담아요

물이 잘 빠지는 화분용 흙인 '마사토'와 영양분이 충분한 '배양토'를 준비해요. 실내화초는 통풍이 원활하지 못하기 때문에 수분 증발이 느려요. 과습 현상을 예방하려면 좀 더 비싸더라도 진흙이 묻어 있지 않은 세척마사를 사용해요.

먼저 화분의 바닥에 깔망을 올리고 마사토를 깐 뒤 그 위에 배양토를 얹어요. 마사토, 배양토의 비율은 7:3이나 5:5가 좋아요(식물의 특성에 따라 조절해요). 마사토를 많이 넣으면 물은 더 잘 빠지지만 조금 천천히 자라겠죠? 반대로 배양토를 많이 넣으면 영양을 듬뿍 받아 빨리 자랄 수 있지만 물 조절을 잘 해야 해요.

참, 분갈이를 위해 흙은 어느 정도 여유분을 가지고 있도록 해요. 실외에서 키운다면 분갈이토로 충분하지만, 실내에서 키울 식물을 분갈이할 때는 일반적으로 분갈이토와 마사토의 비율을 8:2 정도로 해요(식물에 따라 조금씩 달라요!). 흙 배합이 너무 복잡하면 다육식물에 필요한 요소들이 적절히 배합된 '다육식물 전용 분갈이흙'을 사용해도 좋아요.

자갈이나 작은 돌로 장식할까요?

식물 옆에 자갈이나 돌을 깔아두면 보기 좋고 물이 잘 빠져서 다육식물이 좋아할 거예요.

물뿌리개로 촉촉하게!

예쁜 물뿌리개가 있으면 물 주는 일이 더 재밌어져요! 분무기를 사용하면 어린 식물의 씨앗을 촉촉하게 하는 데 도움이 돼요. 그리고 해충약을 물과 희석해서 뿌릴 때 쓸 분무기는 별도로 가지고 있는 게 좋아요.

더 있으면 좋은 물건

- 분갈이용 모종삽이나 숟가락
- 식물을 해충으로부터 지켜줄 해충약
- 가지치기할 때 쓰는 원예용 전지가위
- 가시가 있는 친구를 다룰 때 쓰는 원예용 장갑
- 분갈이하거나 번식시킬 때 선인장을 잡을 집게
- 성장기나 꽃을 많이 피우고 싶을 때 쓰는 특수 비료

- 식물 친구들에게 묻은 먼지를 털어줄 작은 붓
- 식물을 데려온 날짜, 이름, 꽃의 색상을 적어놓을 이름표
- 털이 복슬복슬하게 난 친구들을 다듬어줄 때 쓰는 빗(61, 129페이지 참고)
- 친구들이 성장을 멈추는 밤, 잠들기 전에 읽어줄 이야기들(식물의 엄마아빠인 우리는 아주 진지하답니다!)

어떻게 뽐낼 수 있을까?

식물을 소품으로 활용한 '플랜테리어'로 여러분의 공간을 싱그럽게 만들어봐요. 몇 가지 기발한 팁을 소개할게요.

벽지, 가구의 색깔과 느낌을 파악해요

식물을 놓아둘 장소의 벽면 색깔은 무엇인가요? 식물과 함께 둘 테이블이라든지, 커튼, 침구, 의자 등의 색은 무엇인가요? 화분을 눈에 확 띄게 하고 싶나요? 아니면 여러 가지 색깔이 어우러지게 하고 싶나요?

식물과 화분, 주변의 물건들을 그런 계열로 맞추고 벽면은 이를 돋보이게 하는 화이트 또는 베이지 색으로 꾸미면 편안한 인테리어를 연출할 수 있어요. 보색 대비를 적용하면 개성이 넘치고 세련된 분위기가 완성돼요.

식물의 감촉을 고려해요

화분과 식물의 감촉을 적극적으로 활용해요. 뾰족뾰족한 몸통을 가진 선인장을 매끈매끈한 화분에 심으면 삭막한 공간도 생기 넘쳐 보여요.

화분의 모양으로 장식 효과를 극대화해요

조각같이 각진 식물을 둥근 모양의 화분에 심어보세요. 반면에 울퉁불퉁하거나 기하학적인 무늬가 새겨진 화분에 통통하고 부드러운 잎을 가진 식물을 심으면 그 매력이 배가 될 거예요.

옹기종기 모여 자라는 초록 식구들

무슨 숫자를 좋아하나요? 저는 3과 5 같은 홀수가 보기에 좋더라고요. 뾰족하거나 둥글거나 잎이 무성하거나 길게 늘어뜨려져 있거나 크거나 작거나 하는 등 감촉과 크기, 모양이 제각각인 식물을 좋아하는 홀수만큼 모아요. 이렇게 식물을 한데 모아두면 아주 멋져요.

단, 잎이 촘촘하거나 습기가 많으면 서로 가까이 있는 식물들 간에 해충이나 질병이 쉽게 퍼져요. 그러니까 공기가 잘 통하도록 적절히 거리를 두어 약간의 숨 쉴 공간을 주는 것이 좋아요.

이것만은 주의해요!

선인장과 다육식물은 어떤 환경에도 강하고 잘 견딘다는 명성이 있어요. 하지만 방치하면 질병에 걸릴 수 있기 때문에 약간의 관심과 애정 어린 보살핌이 필요해요.

물을 너무 많이 주지 말아요

과습은 선인장과 다육식물이 죽는 가장 큰 원인이에요. 이 녀석들은 사막 같은 건조한 환경에서 진화했기 때문에 스스로 물을 저장할 수 있어요. 물을 너무 많이 주면 오히려 여러분이 자신을 물에 빠뜨리려 한다고 생각할 거예요.

누렇게 시든 잎, 흐물흐물하거나 썩은 뿌리나 줄기, 잎, 살짝 건드려도 뚝 떨어지는 잎이 있는지 주의 깊게 살펴봐요. 물을 잘 흡수한다고 해서 많이 줬다면, 썩은 뿌리를 전지가위로 잘라내거나, 겉흙이 마를 때까지 기다리거나, 식물을 다른 화분으로 옮겨 심어요.

물을 적게 주는 것은 별로 문제되지 않아요. 물을 언제 줬는지 잊었다면 일단 기다려요! 선인장은 목이 마르면 잎이 움츠러들거나 보라색이나 붉은색으로 변해요. 잎이 쭈글쭈글해지거나 말라 보인다거나, 축 처지고 늘어진 모습으로 목마르다는 신호를 보내기도 해요. 이때 한두 번 물을 주면 다시 기운을 차릴 거예요.

습도는 조심해야 할 부분이에요. 선인장은 서식지의 습도가 너무 높으면 코르크 같은 딱지가 생겨요. 또 해충과 곰팡이병이 마구 퍼지거나 뿌리가 썩는 식으로 문제가 악화될 수 있으니 적절히 건조한 환경을 만들어줘야 해요.

실내에서도 충분히 잘 자라요

다육식물이 훌륭한 친구인 이유는 실온이나 일반 가정, 사무실에서 제법 편안하게 지내기 때문이에요. 가끔가다가 물을 주었을 뿐인데도 잘 자라나는 식물을 보면 기르는 재미가 느껴지죠. 다육식물은 여름엔 조금 더운 곳을, 겨울엔 조금 추운 곳을 좋아해서 거실, 침실, 베란다, 주방에 있는 창턱 등은 친구들이 편안하게 머무를 수 있는 서식지예요.

다육식물은 꽤 강하지만 너무 추우면 견디기 힘들어해요. 0도 이하에서는 잎 속 수분이 얼어버리므로 영하의 기온은 피해야 해요. 어떤 선인장은 날이 쌀쌀하면 몸에 갈색 자국이 생길 수 있어요. 온도가 급격하게 변하는 계절에는 다른 실내화초들이 곁에서 서서히 적응할 수 있도록 도와줄 거예요.

반려동물을 기르거나 집에 아이들이 있다면 안전을 위해서 가시가 뾰족하거나 다칠 위험이 있는 식물은 손에 닿지 않는 곳에 둬요. 어떤 식물은 독을 내뿜거나 우리의 피부를 가렵게 해서 다가올 수 없도록 방어하기도 하니까 반드시 주의해요.

직사광선이나 너무 강한 햇빛은 싫어해요

다육식물은 햇빛을 정말 좋아하지만, 너무 강한 햇빛은 싫어해요. 선인장은 너무 뜨거운 곳에 두면 코르크 같은 딱지가 생길 수 있는데, 빛을 아주 조금씩 줄여나가면 번지는 증상을 막을 수 있어요.

다육식물은 햇빛을 너무 많이 쬐면 잎이 화상을 입어 완전히 갈색이 되거나 하얗게 색이 옅어지면서 시들지 몰라요. 너무 심하면 잎이 검게 타거나 바싹 마를 수도 있어요. 햇빛의 양이 딱 좋으면 어떤 다육식물은 색깔을 바꾸어 반응하기도 하는데, 이건 식물이 너무 행복해서 마치 '얼굴을 붉히는 모습'과도 같아요!

여러분의 귀여운 식물이 햇빛을 충분히 받지 못하면, 어떤 식물은 웃자라거나 창백해지거나 누레지고(이 과정을 고급용어로 '황화현상'이라고 해요), 해를 향해 몸을 쭉 뻗기도 할 거예요.

이것을 꼭 문제라고 볼 필요는 없는데, 식물의 전체 구조를 불안정하게만 하지 않는다면 아주 재밌는 모양을 만들어낼 수 있거든요. 식물은 불쌍하게도 언제 성장을 멈춰야 할지를 모르니까, 계속해서 기형적인 모양으로 자란다면 햇빛이 잘 드는 곳으로 장소를 옮겨주면 바르게 클 거예요.

조심해야 할 해충과 질병들

집에서 키울 식물을 하나 데려왔는데…, 작은 불청객도 같이 따라왔어요. 이런 달갑지 않는 손님이 어떻게 생기는지 알아보고 여러분의 친구에게서 떼어내는 방법을 알려줄게요.

벚나무깍지벌레

이 귀찮은 해충은 여러분의 반려식물에게 솜털 덩어리나 분홍색 알, 검은 곰팡이를 자라게 하는 끈적끈적한 단물을 남겨두기도 해요. 소독용 알코올(70퍼센트 이소프로필알코올을 써야 효과가 있어요)을 면봉에 묻혀서 잎을 톡톡 두드리거나 분무기에 담아 뿌리면 죽어요.

깍지벌레

둥근 갈색 껍질처럼 생겼어요. 식물을 여름에 야외로 견학 보내고 나면 나타나는데, 살충제를 뿌리면 사라질 거예요.

잎진드기

현미경으로 봐야 보일 만큼 작아서 흰 가루나 거미줄이 쳐진 모습으로 보일 가능성이 더 많아요. 응애는 기온이 높고 건조한 여름에 많이 발생하는데 습기를 싫어해서 물을 뿌리면 없어져요.

바인 바구미

긴 더듬이가 달린 크고 검은 딱정벌레처럼 생긴 바인 바구미가 흙에 알을 낳으면 갈색 머리의 애벌레가 나올 거예요. 애벌레와 성충은 뿌리와 줄기, 잎을 야금야금 갉아먹기를 좋아해서 식물에서 물어뜯긴 자국을 발견했다면 이들 중 하나가 있다는 거예요. 애벌레를 한 마리라도 보았다면, 식물을 다른 화분으로 옮겨요.

곰팡이 부패

곰팡이 균 때문에 식물이 썩기도 해요. 갈색이나 회색, 검은색 반점이 보이거나 줄기가 부패하는 것을 발견했다면, 그 부분을 잘라내고 곰팡이 약으로 치료해요. 균이 퍼지는 것을 막으려면 여러분의 식물을 다른 식물로부터 멀리 떨어진 곳으로 옮겨야 해요.

나만의 미니 정원 만들기

존재만으로 위안이 되는 다육이와 선인장은 한두 개로 시작했어도 금세 대가족을 만들 수 있어요. 각 식물의 특성을 파악한 뒤 차츰 숫자를 늘려나가요.

번식으로 가족계획을 세워요

식물은 가지치기를 잘 해줘야 쑥쑥 자라나요. 가지, 꽃술대, 줄기 또는 잎이 자라면, 전지가위로 옆에 난 싹, 줄기, 겉잎을 싹둑 잘라내요. 가지치기한 나뭇가지는 직사광선이 비치지 않는 곳에 두고 하루에서 일주일 정도 지나면 상처 자리(아야!)가 마르면서 딱딱하게 굳어져요.

아픈 곳이 아물 때까지 보통 다육식물용 흙으로 채운 얕은 쟁반 위에 심어두는데요. 이때 물을 너무 많이 주면 썩을 수 있어요. 물을 적당히 주고 시간이 지나면 나뭇가지 끝에서 자라는 뿌리와 아주 작은 묘목을 발견하게 될 거예요.

원래 식물에 난 줄기나 잎이 시들어버리면 손으로 조심스럽게 떼어내요. 갓 태어난 식물이 쟁반에 뿌리를 내리면 새 화분에 옮겨 심고, 더 자랄 때까지 햇빛을 직접 쬐지 않도록 주의해요.

알로에 베라(35페이지), 조비바르바 글로비페라(75페이지)와 같은 일부 선인장속 식물은 키우다 보면 모체 옆에서 '아기 식물'이 자라나요. 2~3주쯤 지나면 아기 식물을 흙에서 꺼내 뿌리를 조심스럽게 떼어낸 뒤(가위로 자르거나 손으로 살살 비틀어요), 잎을 새 화분에 심어요. 상처 자리가 완전히 아물도록 일주일쯤 지나고 물을 주어야 썩지 않고 잘 자라요!

씨앗에서 자라요

봄에 물이 잘 빠지는 흙에 씨앗을 뿌려요. 골고루 뿌리되 흙으로 완전히 덮으면 안 돼요. 조금 큰 씨앗은 씨앗 크기만큼 혹은 2배만큼의 깊이로 흙에 묻어야 해요. 겉흙에 물을 살살 뿌리고 종 모양의 유리 덮개나 비닐봉지로 화분을 덮어 촉촉하게 해줘요. 씨앗의 잠을 방해하지 않으려면 어느 정도 그늘이 있고 적당한 온도(약 21도)를 유지하는 게 좋아요.

매일 덮개를 열어 공기를 빼서 덮개에 맺혀 있는 물방울을 없애고(또는 봉지를 바꿔요), 너무 젖지 않게 습기를 적당히 유지시켜요. 묘목이 몇 주 후에 자라면, 겉흙이 마를 때만 덮개를 열고 물을 줘요. 약 1년 뒤에 묘목이 옮길 수 있을 정도로 충분히 크면 새 화분으로 옮겨요.

모종삽이나 숟가락을 써서 조심스럽게 묘목을 흔들어 뺀 다음에 흙을 일부만 채운 화분 위에 올려놓아요. 화분의 남은 공간을 여분의 흙으로 채우고 묘목에게 맛있는 물을 듬뿍 줘요.

많을수록 더 좋아요!

여러분은 얼마나 많은 식물을 키우고 싶은가요? 초보 가드너에게 식물 대가족은 너무 부담스럽기 때문에 보통 어린 식물을 한두 개만 키우고 싶어 할 거예요. 식물킬러를 벗어나 자신감이 생기면 다양한 식물을 들여봐요. 대가족을 키울 만한 공간과 돌볼 의지만 있다면 초록 친구들을 잔뜩 데려다놓고 여러분의 식물 사랑을 퍼뜨릴 수 있어요!

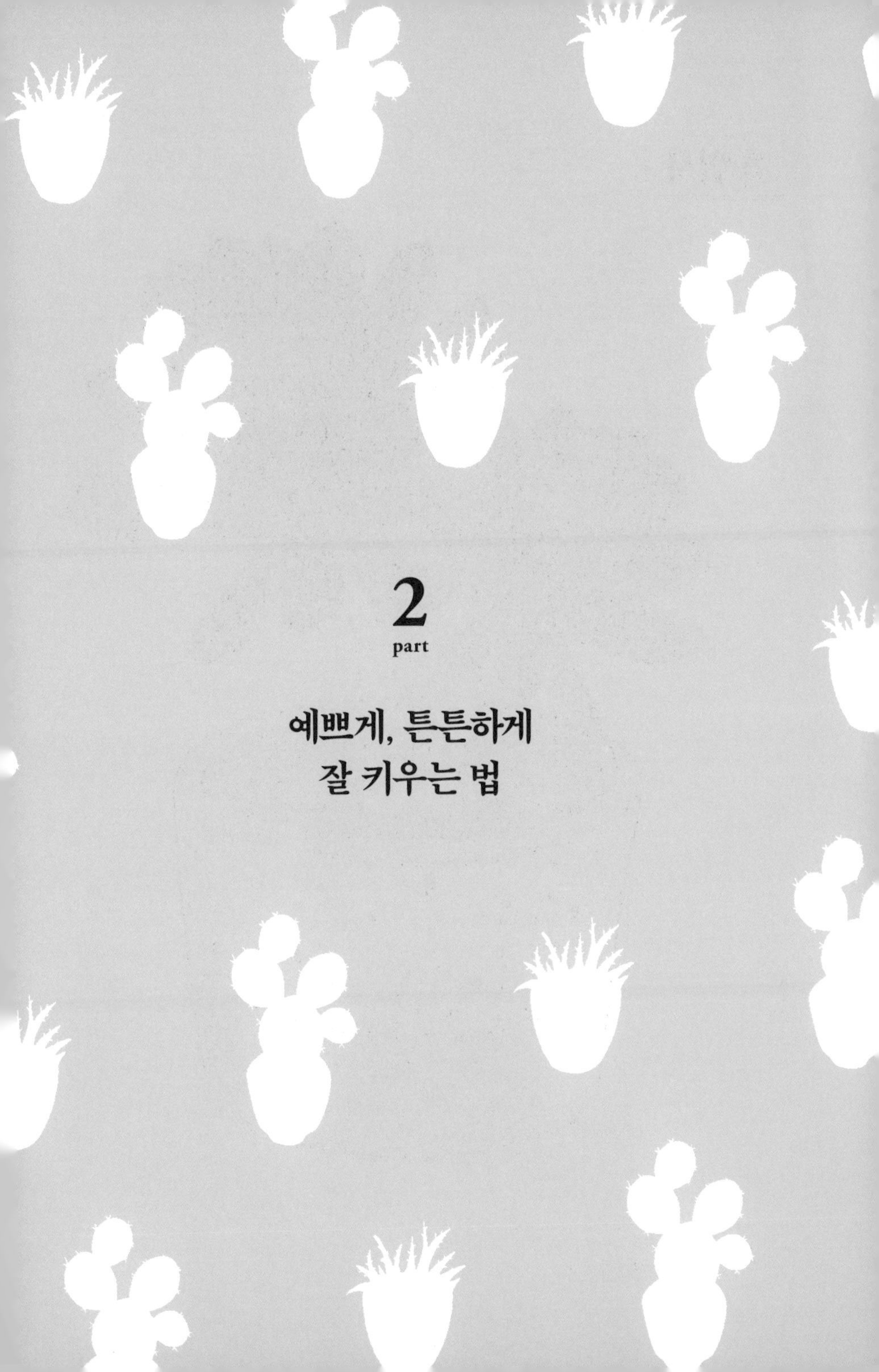

2
part

예쁘게, 튼튼하게 잘 키우는 법

흑법사

아이오니움 아르보레움 아트로푸르푸레움
Aeonium arboreum atropurpureum

열심히 관리하지 않아도 잘 크는 식물을 찾고 있나요? 여기 있는 자주색 친구라면 더 찾아볼 필요 없어요. 로제트형 식물이라 땅에 딱 붙어서 반질반질한 다육질 잎이 사방으로 자라나는데, 노란색 꽃이 피면 마치 작은 나무처럼 보여요.

가꾸기

크기 5~10년 후에 잎은 길이 8cm까지 크고, 줄기는 높이 1m, 너비 1.2m까지 자라요.

흙 모래와 참흙이 섞인 혼합토라면 안심이에요. 가을에서 봄까지 매달 중간 강도로 희석한 액체비료를 줘요.

물 겨울에서 봄까지 겉흙이 말랐을 때 듬뿍 줘요. 여름에는 잎이 돌돌 말리기 시작하면 물을 줘요.

꽃 다 자라면 겨울에 작은 별 모양의 꽃을 피우고 시들어요.

주의 뿌리가 썩었는지 살펴봐요. 줄기가 너무 길게 자라면 잎이 무거워져 뚝 부러질 수 있는데, 잘린 가지를 그대로 흙에 심으면 잘 자랄 거예요(26페이지 참고)!

스타일링

흑법사는 햇빛을 듬뿍 받는 것을 좋아하지만, 오후나 한여름에는 한숨을 돌리기 위해 그늘이 약간 있는 걸 좋아해요. 조금 촉촉하게 해주면 생기가 넘쳐서 화장실 창턱에 있는 걸 좋아해요.

알로에 베라

알로에 베라
Aloe vera

뾰족한 이 친구는 치유 성분이 있는 것으로 유명하며, 고대 그리스인들은 대머리와 불면증을 치료할 수 있다고 믿었어요. 회색과 초록색을 띤 보석 같은 잎이 달려 있어 보기에도 좋아요.

가꾸기

크기 5~10년 후에 높이와 너비 60cm~1m까지 자라요.

흙 물이 잘 빠지는 모래가 섞인 혼합토를 좋아해요.

물 성장기인 여름에는 물을 자주 주고, 겉흙이 마르면 흠뻑 적실 정도로 줘요. 가느다란 잎이 돌돌 말려 있으면 알로에가 목이 마르다는 뜻이에요.

꽃 드물지만, 여름에 초록빛이 감도는 노란 꽃을 피워요.

주의 벗나무깍지벌레를 피하려면 넓고 물이 잘 빠지는 화분이 꼭 필요해요. 알로에 베라는 독이 있어서 반려동물을 키우고 있다면 절대 가까이 가지 못하게 해요!

스타일링

알로에는 책장이나 창턱에서 즐기는 자연광은 좋아하지만 직사광선을 싫어해요. 알로에가 완전히 다 자라면, 더 많은 잎과 싹이 자라서 쉽게 번식시킬 수 있어요(27페이지 참고). 참고로 알로에 겔을 얻고 싶을 땐 잎의 끝부분을 1/3만 잘라 껍질을 벗겨내면 돼요.

용설란

아가베 아메리카나
Agave americana

이 녀석은 가느다란 잎에 가시가 나 있으며, 회색빛이 도는 초록색 식물이에요. 20년 정도 사는데 100년에 한 번 꽃을 피운다는 오해 때문에 '백년식물Century plant'이라는 이름이 붙여졌어요(잎이 용의 혀처럼 생겨서 용설란이라고도 불려요-옮긴이).

가꾸기

크기 높이 1.8m, 너비 3m까지 자라요!

흙 그릿과 자갈이 섞인 물이 잘 빠지는 선인장 혼합토에 심어요. 여름에는 2주마다 액체비료를 줘요.

물 여름에는 정기적으로 주고, 겨울에는 겉흙이 완전히 마를 때만 줘요.

꽃 10년 정도 지나 다 자라고 나면 아주 치명적으로 예쁜 꽃이 펴요. 나무처럼 생긴 노란 꽃을 피우고 나서 세상에 작별을 고해요.

주의 깍지벌레를 조심해요. 습도가 너무 높으면 잎이 하얗게 변하면서 얼룩이 생길 수 있어요.

스타일링

이 멋진 사막 식물은 직사광선을 잔뜩 받으면 짜릿해하며 좋아해요. 반그늘에서도 잘 자라니까 회색빛의 시멘트화분에 담아 거실에 가져다놓으면 아주 훌륭한 플랜테리어 아이템이에요. 목대가 길어지고 잎이 두꺼워질수록 멋질 거예요.

복륜산세베리아

산세베리아 트리파스시아타
Sansevieria trifasciata

산세베리아의 잎은 빳빳하며 멋진 대리석 무늬가 있어요. 강한 생김새에도 불구하고, 중국에선 산세베리아를 가장 많이 키웠다는 오래된 기록이 있어요. 이 친구를 데려온다면 오리엔탈 무드와 함께 집안이 초록의 활기로 가득할 거예요.

가꾸기

크기 5~10년 후에 높이 1m까지 자라요.

흙 염기성이나 중성의 모래가 섞인 흙만 받아들여요.

물 겨울에는 매우 조심스럽게 물을 줘요. 이따금 화분의 배수구멍으로 물이 흘러나올 때까지 아주 많이 줘요.

꽃 운이 좋으면 잎 꼭대기에서 피어나는 향긋한 하얀 꽃을 보게 될 거예요.

주의 바인 바구미와 뿌리 썩는 것을 주의해요.

스타일링

산세베리아는 햇빛을 너무 많이 받으면 시들어서 잎이 누렇게 변해요. 눈에 확 띄며, 공기정화와 전자파를 차단하는 효과가 있어서 침실에 두면 좋아요. 10~15도 이상의 온도에서 따뜻하게 해주면 빠르게 자라서 매년 분갈이가 필요할 거예요.

염자

크라슐라 오바타
Crassula ovata

행운의 부적으로 유명한 염자는 '돈나무Money Plant'라고도 불려요. 반질반질한 푸른 잎이 매력적인 염자는 여러 가지 색깔의 다육식물과 함께 키우면 잘 어우러져요.

가꾸기

크기 높이 1m까지 자라요.

흙 그릿과 물이 잘 빠지는 혼합토를 좋아해요. 봄부터 가을까지 2~3주마다 균형 잡힌 액체비료를 듬뿍 줘요. 남은 기간 동안 영양분 없이도 견딜 수 있어요.

꽃 늦여름에 별 모양의 흰색이나 연분홍색 꽃무리가 펴요.

주의 뿌리 썩는 것과 벚나무깍지벌레, 진딧물, 바인 바구미 등의 해충을 주의해요. 아기나 반려동물이 건들지 않게 조심해요, 독이 있어요!

스타일링

일광욕을 꽤 즐기는 염자는 햇빛이 잔뜩 들어오는 곳에서 느긋하게 쉬고 싶어 해요. 부드러운 잎은 자라면서 윗부분이 점차 무거워지므로 최대한 쓰러지지 않게 튼튼한 화분을 골라요.

꽃기린

유포르비아 밀리
Euphorbia milii

회갈색의 가시가 있는 이 관목식물은 꽃이 피면 붉은 핏방울을 뚝뚝 떨어뜨리는 그리스도의 면류관과 닮았어요. 키우기 쉬운 이 식물을 기르다 보면 유포르비아속의 다육식물들을 키울 수 있는 감각을 얻게 될 거예요.

가꾸기

크기 10~20년 후에 너비 1.8m까지 자라요.

흙 물이 잘 빠지는 모래와 백악, 참흙을 쓰며, 매달 중간 강도로 희석한 다육식물 비료를 줘요.

물 갈증을 잘 참지 못해서 매주, 겉흙이 마를 때마다 물이 흘러넘칠 만큼 듬뿍 줘요.

꽃 연중 꽃을 피워요. 한 쌍의 눈에 띄는 포(꽃을 싸고 있는 잎 구조 – 옮긴이) 옆에서 붉은색, 분홍색, 노란색, 하얀색의 작은 꽃을 만날 수 있어요.

주의 가시를 조심해요! 또한 이 식물에는 독이 있으니 다룰 때 원예장갑을 껴요.

스타일링

꽃기린은 햇빛을 잔뜩 받을 수 있는 공간과, 통풍이 잘 되고 물이 잘 빠지는 화분이 필요해요. 황토색의 테라코타화분과 잘 어울려요. 반려동물이나 아이가 건드리지 않도록 멀리 두는 것 잊지 말아요.

십이지권 하워르티아

하워르티아 아테누아타
Haworthia attenuata

'얼룩말선인장'이라는 영문명을 가진 이 다육식물은 얼룩말처럼 눈에 띄는 줄무늬를 지녔어요. 남아프리카 출신인 이 친구는 짙은 녹색 잎이 끝으로 갈수록 뾰족해져서 마치 파인애플의 윗부분 같죠?

가꾸기

크기 느리게 5~20cm까지 자라요.

흙 약간의 진주암이나 질석(화강암 속의 흑운모가 분해된 것-옮긴이)이나 왕모래가 들어간 혼합토를 줘요. 봄과 가을에는 매달 다육식물 비료를 줘요.

물 여름을 제외하고, 매달 겉흙이 마르면 물을 조금씩 줘요.

꽃 한여름의 축제처럼 녹색 줄무늬가 있는 하얀 꽃이 가느다란 줄기에서 모습을 드러내요.

주의 잎이 누렇거나 하얗게 되면 햇빛을 너무 많이 받았다는 뜻이니까 그늘진 곳으로 옮겨야 해요.

스타일링

십이지권 하워르티아는 녹색 잎에 울퉁불퉁한 흰 줄무늬가 있어서 어떤 식물 무리에서도 눈에 띄어요. 짙은 초록색 잎이 달린 친구들과 함께 옹기종기 놓아두면 아이돌 그룹의 센터처럼 유난히 끼와 흥이 넘쳐 돋보인답니다.

만손초

칼랑코에 라에티비렌스
Kalanchoe laetivirens

엄청나게 많은 자손을 낳는 이 마다가스카르 출신의 색다른 화초를 만나봐요. 특이하게도 청록색의 만손초는 잎 가장자리에서 '수만 개'의 주름진 자손을 낳아서 생명력이 엄청나요.

가꾸기

크기 높이 60cm까지 자라요.

흙 보통의 화분용 혼합토면 돼요. 여름에는 일주일에 2번 액체비료를 간절히 원하는데, 펠릿형 완효성 비료(비료 효과가 느린 작은 알갱이 – 옮긴이)를 주면 좋아해요.

물 여름에는 겉흙이 말랐는지 확인한 후 조심스럽게 물을 줘요. 겨울에는 목마름을 잘 느끼지 않지만, 통통한 잎이 오그라들기 시작하면 줘요.

꽃 봄에 연분홍색 꽃이 활짝 펴요.

주의 잎과 꽃에 독이 있으니 조심해요. 만손초는 방어적이어서 맨손으로 만지면 심한 알레르기 반응이 일어나요.

스타일링

만손초는 햇빛이 필요하며 따뜻해야 해요(12도 이하는 안 돼요!). 팁을 주자면 청록색 잎과 두드러진 대조를 이루는 적갈색 화분에 담으면 정말 예뻐요!

멕시코 울타리선인장

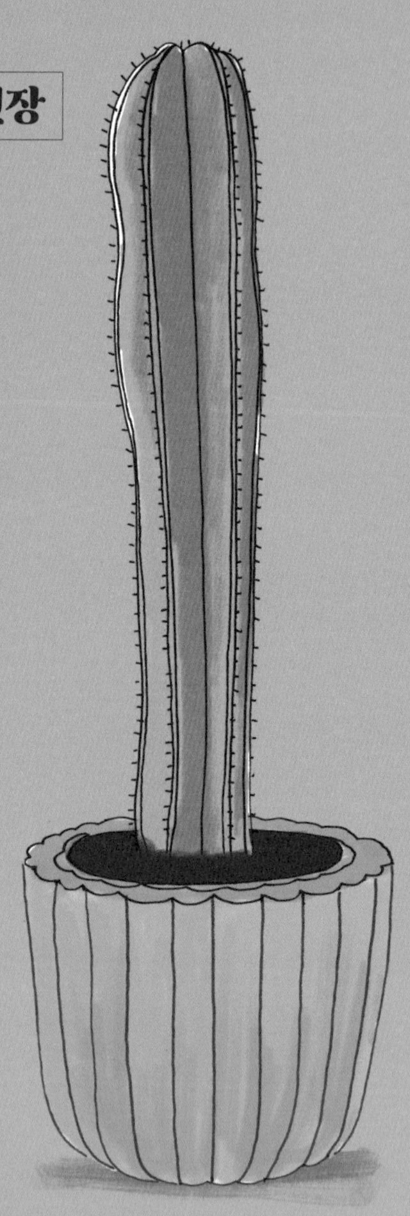

파키세레우스 마르지나투스
Pachycereus marginatus

기둥처럼 생긴 줄기가 수직으로 자라는 이 선인장은 멕시코에선 울타리로 심어서 불법 침입자를 막아내는 데 쓰여요. 손이 많이 가지 않아 실내화초로 키우기 좋아요.

가꾸기

크기 제대로 키우면 3.5m까지 엄청나게 크게 자라요.

흙 화분용 영양토가 좋아요. 비료는 굳이 필요 없지만, 많이 주면 크게 자라요.

물 거의 물을 주지 않아요. 이 아이는 자기가 아직도 건조한 멕시코 사막에 있다고 생각한다는 사실을 꼭 기억해요.

꽃 초록빛을 띤 분홍색 꽃이 핀 후, 가시가 있는 노란 빛의 붉은 열매가 열려요.

주의 물을 너무 많이 주지 말아요(식물이 죽는 주요 원인이에요).

스타일링

파키세레우스속의 식물은 세계에서 가장 크게 자라는 선인장이에요. 이 아이는 어디서든 기분이 좋아서 창문이 크고 햇빛이 충분한 방이나 온실이라면 다 좋아해요. 깜찍한 화분에 심으면 매우 귀엽답니다.

금호선인장

에키노칵투스 그루소니
Echinocactus grusonii

금호선인장은 배가 불룩한 친구이며 30세까지 살 수 있어요. 어릴 때는 황금색이던 가시가 나이 들면서 하얗게 변해요(황금술통선인장이라고도 불려요-옮긴이).

가꾸기

크기 10~20년 후에 높이는 1~1.2m, 너비는 높이의 절반 정도까지 자라요!

흙 모래가 든 흙과 참흙이 잘 맞아요. 겨울에 매달 균형 잡힌 액체비료를 주면 기분이 좋아져요.

물 겨울에 활동하지 않을 때는 물을 엄격히 제한하지만, 여름에는 느슨해져서 겉흙이 마르면 물을 마실 수 있어요.

꽃 여름에 작은 종 모양의 노란 꽃을 피워 스스로 왕관을 쓰는데, 약 20세가 지나야 가능해요.

주의 뾰족한 가시를 조심해요! 벚나무깍지벌레는 선인장이 질색하더라도 달라붙으며, 뿌리가 썩기 쉬워요.

스타일링

멕시코 출신인 금호선인장은 햇빛이 가득하고 시원한 바람이 불어오는 곳을 좋아해요. 어릴 때 매년 화분을 바꿔주면 개성 넘치는 모양으로 자랄 거예요.

까라솔

아이오니움 페르카네움 키위
Aeonium percarneum kiwi

까라솔은 숟가락 모양의 통통한 잎이 매력적인데, 색깔이 화려한 것이 특징이에요. 3가지 색깔을 가지고 있으며, 햇빛을 흡수하면 더 강렬한 색으로 변해요(일월금이라고도 불려요-옮긴이).

가꾸기

크기 높이와 너비 60cm~1m까지 자라요.

흙 모래 섞인 참흙이나 화분용 흙을 가장 좋아해요. 겨울에 매달 중간 강도로 희석한 다육식물 비료를 줘요.

물 성장기인 겨울에는 물을 꼬박꼬박 주되, 겉흙이 완전히 말랐을 때 듬뿍 줘요. 목이 마르면 부끄러운 듯이 잎을 돌돌 말 거예요.

꽃 다 자라면 마지막으로 뽐내듯이 한여름에 노란 꽃을 피울지 몰라요.

주의 뿌리가 썩는 것과 잎이 누렇게 시드는 것을 조심해요.

스타일링

햇빛이 살짝 비치는 곳에 둬요. 이 아이는 일광욕이 지나치면 탈 수도 있거든요. 저는 밋밋한 공간에 눈에 확 띄는 소품을 두고 싶으면 개방형 테라리움에 이 까라솔을 넣고 주변에 마음껏 자랑한답니다(14페이지 참고).

흑괴리

그랍토베리아 프레드 이브스
Graptoveria fred ives

한마디로 정의하기 어려운 특성을 지닌 수상쩍은 흑괴리를 만나봐요. 영국 요크셔 사람의 이름을 따서 학명을 지었지만 멕시코 출신인 흑괴리는 교배된 식물인 데다 불확실한 출처 때문에 품종을 정확히 알 수 없어요.

가꾸기

크기 높이 20cm, 너비 30cm까지 자라요.

흙 그릿과 다공성의 흙을 좋아해요. 성장기에 1/4 강도의 비료를 추가로 줘도 되지만 한 번 이상 주지 말아요.

물 2.5~5cm 깊이의 겉흙이 말라 있으면 물이 부족하다는 신호예요. 여름에는 너무 많이 주지 말고, 겨울에는 아주 조금만 줘요.

꽃 여름 내내 피며, 산홋빛의 노란 꽃이 60cm 길이의 구부러진 줄기에 매달려 있어요.

주의 이 녀석은 너무 빨리 자라요. 가지치기하거나 새로 태어난 식물을 새집으로 옮겨주면 잘 번식할 거예요.

스타일링

흑괴리는 기분에 따라서 여러 가지 모양으로 변해요. 이 녀석은 햇빛을 잔뜩 받으면 잎이 분홍빛을 띤 보라색이 되지만, 그늘에 두면 차분해져서 암회색을 띤 청색으로 변해요.

성미인

파키피툼 오비페룸
Pachyphytum oviferum

성미인은 싹에서 윤기가 돌기로 소문난 미인이에요(문스톤이라고도 불려요-옮긴이). 멕시코의 암벽에서 은색의 초록 잎이 나선형으로 자라는데, 방치해두어도 혼자서 쑥쑥 잘 자라요. 식물을 잘 키우지 못하는 사람들에게 강력하게 추천해요.

가꾸기

크기 높이 25cm, 너비 30cm까지 촘촘하게 자라요.

흙 메마른 흙을 잘 견디지만 자갈을 좀 깔아주면 아주 좋아해요.

물 여름보다 겨울에 물을 더 많이 줘요. 썩기 쉬우니까 잎이 시드는 것을 발견했을 때만 물을 주는 게 좋아요(아주 조금이요).

꽃 겨울부터 이른 봄에 걸쳐서 종 모양의 진홍색 꽃이 피어나요.

주의 벚나무깍지벌레와 너무 많은 습기를 조심해요. 흙이 너무 젖어 있으면 새로운 흙으로 갈아줘요.

스타일링

성미인은 섬세한 생김새와는 달리 강한 품종이에요. 덥거나 춥더라도, 햇빛이 많거나 적더라도 잘 자라며 햇빛을 잔뜩 쬐면 더 선명한 색을 보여줘요. 은색 잎의 매력을 제대로 드러내기 위해 검은 화분에 키우거나 흙 위에 검은 자갈을 깔아봐요.

부다템플

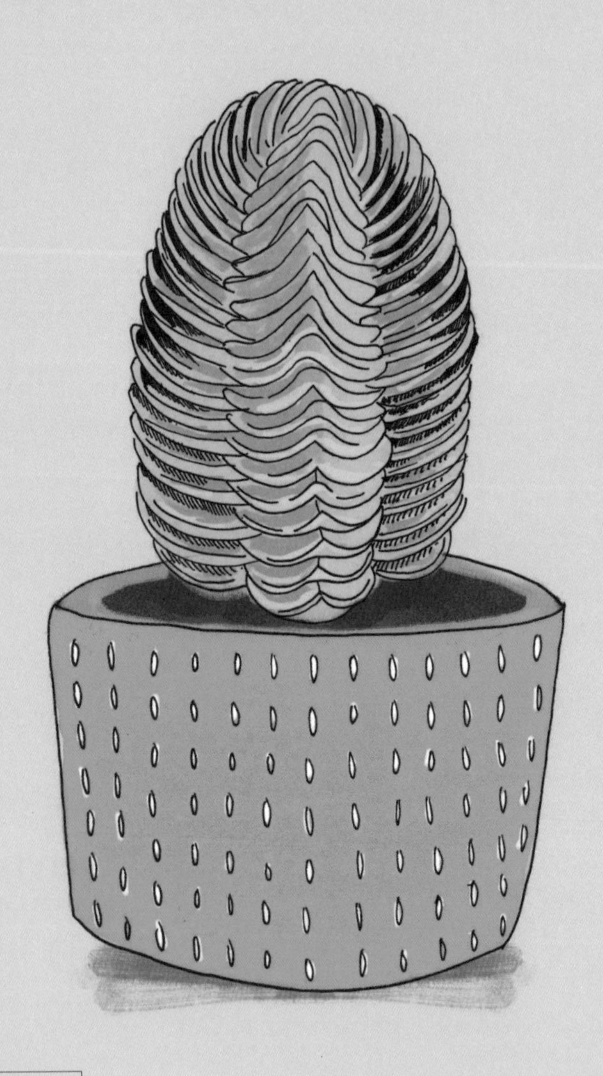

크라술라 부다템플
Crassula Buddha's temple

주름이 많은 불독이나 샤페이를 키우고 싶었지만 형편상 못했다면, 걱정할 필요 없어요! 대신에 부다템플을 데려다 키우세요. 정교하게 탑을 쌓듯이 겹겹이 잎이 달린 부다템플은 말을 잘 듣고 손이 별로 가지 않아요.

가꾸기

크기 높이 15cm까지 자라요.

흙 물이 잘 빠지고 약산성(pH 6.0)의 다육식물 혼합토라면 만족해요. 여름이 시작될 때 방출조절비료를 이따금씩 주면 좋아해요.

물 여름에 성장을 쉴 때는 목이 마르지 않으며, 성장기인 겨울에는 겉흙이 완전히 마른 다음에 물을 줘요.

꽃 꼭대기에서 붉은색이나 주황색, 하얀색 꽃이 여러 송이 피는데, 1년 중 어느 때든지 볼 수 있어요!

주의 벚나무깍지벌레와 곰팡이 병을 조심하고 물을 너무 많이 주지 말아요.

스타일링

키우기 쉬운 이 친구는 밝은 곳을 좋아하지만, 여름에는 직사광선을 피해야 해요. 타일이 깔린 화장실이나 부엌에 있는 식탁, 창턱 상관없이 개성 있는 모양으로 포인트를 주고 싶은 곳에 둬요. 질감이나 모양이 독특한 화분에 담으면 더 특별해 보여요.

백운금선인장

오레오세레우스 트롤리
Oreocereus trollii

하얀 털이 누에고치처럼 보호막을 친 백운금선인장은 나이 든 노인처럼 보이지만, 전혀 약하지 않아요. 백운금의 성긴 털이 남아메리카 산맥의 무서리와 타는 듯한 태양빛으로부터 선인장을 지켜줬거든요.

가꾸기

크기 20년 후에 높이 60cm까지 자라요.

흙 물이 잘 빠지는 퇴비에 그릿을 1/3의 비율로 주면 좋아해요. 여름에 1~2주마다 액체비료를 실컷 줘요.

물 여름에는 흙이 마르면 주고 겨울에는 마른 상태로 둬요.

꽃 선인장이 완전히 다 자랐을 때 관 모양의 선홍색 꽃을 볼 수 있어요.

주의 방에 먼지가 있으면 색깔이 안 예쁘게 자라니까 따뜻한 비눗물로 잎 표면을 살살 닦아 깨끗하게 해줘요. 뿌리가 썩는 것을 조심해요.

스타일링

백운금선인장은 모든 털이 한 올 한 올 다 느낄 수 있을 정도로 햇빛이 강하게 비치고 통풍이 잘 되는 곳을 좋아해요. 솜털이 덥수룩해 보이면 가는 빗으로 빗질을 해줘요. 엄청나게 빨리 자라니까 2년마다 분갈이해야 해요.

장군선인장

오스트로시린드로푼티아 수불라타
Austrocylindropuntia subulata

꺼칠꺼칠한 장군선인장은 앙증맞고 통통한 잎이 비죽하게 마구 돋아 있어요. 어릴 때는 작은 몸통에 비해 우스꽝스러울 정도로 잎이 크지만, 다 자라면 사납고 날카로운 가시가 여러 개씩 자라니까 찔리지 않게 조심해요!

가꾸기

크기 야생에서는 4m까지 자라요. 에콰도르와 페루의 안데스 산맥에 있는 고산지대의 집에서는 천연 울타리로 쓰여요.

흙 물이 적당히 빠지는 선인장 흙에서 편히 자라요.

물 여름에는 매주 주되, 물을 주는 사이사이에 흙이 마르게 둬요. 겨울에는 잎이 오그라들면서 목말라할 때만 줘요.

꽃 여름에 선명한 붉은 꽃을 자랑하고 나면 붉은 열매가 열릴 거예요.

주의 너무 빨리 자라요!

스타일링

장군선인장은 햇빛이 적당히 들어오는 밝은 침실이나 창턱에 두면 혼자 느긋하게 즐길 거예요. 이 친구가 한번 마음을 먹으면 엄청나게 크게 자랄지도 모르니까 마음껏 그럴 수 있도록 큰 화분에 분갈이를 해줘요.

아피니스

에케베리아 아피니스
Echeveria affinis

어릴 때는 초록색이지만 자라면서 짙은 흑갈색으로 변해서 '흑기사'라는 이름으로도 불려요. 사교의 왕인 이 친구는 다른 친구들과도 잘 어울려서, 바위로 된 정원이나 미니 정원에서 많이 볼 수 있어요.

가꾸기

크기 높이 12cm, 너비 25cm까지 자라요.

흙 여름이 시작될 때 약산성(pH 6.0)의 물이 잘 빠지는 다육식물 혼합토와 방출조절비료를 주면 고마워해요.

물 여름에는 매주 흙이 말랐을 때만 주고, 겨울에는 대부분 물을 마시지 않아요.

꽃 늦은 여름에서 초가을에 걸쳐서 기다란 활 모양의 줄기를 쭉 뻗으며 크림색 꽃을 피워요.

주의 뿌리 썩는 것과 잎이 마르는 것(벚나무깍지벌레가 모여 들어요), 늘어지는 줄기와 곰팡이 병을 조심해요.

스타일링

다른 다육이들과 함께 깊이가 얕고 넓은 화분에 심어서 멋진 식물 파티를 열어요. 장식품이나 작은 건축물 조각상을 놓아둬도 좋아요. 아피니스는 하루에 몇 시간 정도 직사광선이 필요하지만, 아주 더운 날씨에 잎이 갈색으로 변하지 않도록 조심해요.

월토이

칼랑코에 토멘토사
Kalanchoe tomentosa

털로 덮여 있고 검은 반점이 있는 타원형의 사랑스러운 잎은 고양이의 쫑긋한 귀처럼 보이기도 해요. 작고 마른 붓으로 잎을 살살 간질거려서 말쑥해 보이게 해줘요.

가꾸기

크기 높이 1m, 너비 60cm~1m까지 자라요.

흙 물이 잘 빠지는 참흙이나 모래가 깔린 흙을 즐겨요. 봄부터 가을에 걸쳐 매달 희석한 다육식물 비료를 줘요.

물 여름과 겨울에 전혀 갈증을 느끼지 않아요. 한 달에 2번 정도 흙이 완전히 말랐는지 확인한 후에 줘요.

꽃 깜찍한 종 모양의 진홍색 꽃이 피지만, 보통 수줍어서 밖을 내다보지 않아요.

주의 여러분의 반려동물은 이 털북숭이 식물이 마음에 들어서 갉아먹을지도 몰라요. 독이 있으니 절대 그러면 안 돼요!

스타일링

부드러운 벨벳의 매력덩어리 식물은 어느 정도 직사광선도 있고, 약간의 그늘도 있는 곳에서 잘 커요. 반그늘에서도 잘 크기 때문에 천장에 걸어두는 화분에 분갈이해주면 줄기를 위로 쭉 뻗어 나갈 거예요.

청쇄용 크라술라

크라술라 라이코포디오이데스
Crassula lycopodioides

이 식물은 시곗줄처럼 생긴 줄기를 허공에 느릿느릿하게 쭉 뻗기를 좋아하는데, 마치 메두사처럼 보여요. 무성하게 마구 자라서 아주 멋진 초록빛 소동을 일으킬 거예요!

가꾸기

크기 높이 15~20cm까지 자라요.

흙 약산성(pH 6.0)의 물이 잘 빠지는 다육식물 혼합토를 좋아해요. 여름이 시작될 때 방출조절비료를 주면 좋아해요.

물 여름에 쉴 때는 별로 목마르지 않고, 성장기인 겨울에는 흙이 바싹 마르면 줘요.

꽃 봄에 작고 노르스름한 초록색 꽃이 피지만, 톡 쏘듯이 시큼한 고양이 오줌 냄새가 나요(정말 버릇없게도)!

주의 물을 너무 많이 주지 말고, 벚나무깍지벌레와 곰팡이를 조심해요.

스타일링

아프리카에서 태어난 이 아이는 신기하게도 집 안에서 더 편하게 지내요. 창가처럼 따뜻하고 밝고 습기가 적은 곳이라면 어디든 좋아해요. 천장에 걸어두는 화분에 심으면 보기만 해도 왠지 좋은 일이 찾아올 것만 같아요.

만보

세네시오 만드랄리스체
Senecio mandraliscae

이 아이는 하늘을 향해 쭉쭉 뻗는 은빛 파란 잎을 가졌어요. 유령 손가락처럼 생긴 잎은 자두 껍질처럼 표면에 하얀색 분이 덮여 있어요(청월이라고도 불려요-옮긴이).

가꾸기

크기 높이 30~45cm, 너비 60cm~1m까지 자라요.

흙 모래가 섞이고 물이 잘 빠지는 흙을 써요. 1년에 한 번씩 비료를 주되, 너무 많이 주면 엄청 빨리 자라서 화분이 넘어질 수 있어요!

물 몇 주간 물 없이 지냈는지도 잊을 정도로 무심하게 줘요. 봄에는 자주 주고, 여름과 가을에는 가끔씩 주며, 겨울에는 내내 주지 않아도 돼요.

꽃 여름에 작고 하얀 꽃을 만날 수 있어요.

주의 너무 빨리 커서 잎이 뚝 떨어지면 분갈이하거나 잘라내요. 늦여름에 가지치기하는 게 가장 좋아요.

스타일링

이 작은 아이는 통풍이 잘 되고 건조한 곳을 좋아해요. 그리고 여름에 햇빛을 보러 야외에 나가는 것을 많이 즐긴답니다.

캘리코 키튼

크라슐라 펠루시다 마지날리스
Crassula pellucida marginalis

'삼색 고양이'를 뜻하는 캘리코 키튼(한국에선 마지날리스로 불려요-옮긴이). 캘리코란 이름은 여러 가지 색이 섞인 것을 뜻해요. 작은 식물이지만, 땅을 껴안듯이 자라서 여러분이 생각했을 때 필요한 공간보다 약간 더 큰 화분이 필요해요.

가꾸기

크기 15cm까지 자라요.

흙 모래가 섞인 물이 잘 빠지는 다공성 흙이 좋아요.

물 매주 또는 겉흙이 말랐을 때 물을 주면 좋아요.

꽃 늦은 봄이나 이른 여름에 별 모양의 흰 꽃이 모습을 드러내요.

주의 벚나무깍지벌레와 곰팡이 병을 조심해요(윽, 징그러).

스타일링

눈에 확 띄는 줄기는 천장에 걸어두는 화분에서 늘어지는 것을 좋아하지만 잔가지가 무성하면 가지치기해줘요. 직사광선을 쬐면 잎이 붉게 변하니까, 여름에는 그늘이 약간 지면서 햇빛이 들어오는 서늘한 곳에 두도록 해요.

조비바르바 글로비페라

조비바르바 글로비페라
Jovibarba globifera

영문명은 '구르는 암탉과 병아리Rolling Hen and Chicks'. 매력적인 이 다육식물을 기르면, 이 친구가 낳는 병아리 같은 아기 식물들을 모두 키우게 될지 몰라요! 암탉처럼 알을 많이 낳는 이 파릇파릇한 아이는 아주 쉽게 아기 식물을 툭 내놓는답니다.

가꾸기

크기 잎은 너비 4cm까지 크고, 줄기는 높이 20cm까지 자라요.

흙 약산성(pH 6.0) 흙이 가장 좋아요. 여름이 시작될 때 방출 조절비료를 주면 만족해하죠.

물 겨울에는 한 달에 1번 충분히 주고, 성장기인 봄여름에는 쭉 목마르게 둬요.

꽃 시들기 전에 마지막으로 연노란색이나 분홍색의 꽃을 풍성하게 피워요.

주의 뿌리가 썩으면 냄새가 고약해지니까 물을 너무 많이 주지 말아요.

스타일링

이 식물은 키우기 쉬워요. 얼어붙을 정도로 추운 온도에서도 잘 견디거든요. 햇빛이 잘 들어오고 가끔 그늘도 지는 추운 창턱에서도 잘 지내요.

낚싯바늘선인장

앤시스트로캑터스 메가히조스
Ancistrocactus megarhizus

이 친구는 귀엽고 둥근 몸통에 십자형 낚싯바늘 같은 가시가 달렸어요. 이 선인장의 커다란 뿌리를 감당하려면 깊숙한 화분에 심고, 햇빛이 잘 들고 바람이 잘 통하는 곳에서 키워야 해요. 관리하기 편한 친구를 찾고 있다면 이 아이가 딱이에요.

가꾸기

크기 높이 15cm, 지름 10cm까지 자라고, 3~4개씩 뭉쳐서 나기도 해요.

흙 그릿이나 모래가 든 선인장 흙에서 잘 커요.

물 별로 신경 쓰지 말아요. 겨울에는 전혀 목마르지 않고 봄 여름에 흙이 바싹 말랐을 때만 물을 마셔요.

꽃 이른 봄이면 여린 분홍색 꽃을 피우라고 살살 달래봐요.

주의 뿌리 썩는 것을 조심하고 물을 너무 많이 주지 말아요! 가능한 한 습도가 거의 없는 곳에서 직사광선을 쬐게 해주면 고마워해요.

스타일링

알로에 베라(35페이지), 복륜산세베리아(39페이지), 십이지권 하워르티아(45페이지) 같이 키가 큰 친구들 옆에 이 통통한 아이를 두면 무척 조화로워서 오래 함께 머물고 싶어질 거예요.

녹태고

크라슐라 아르보레스켄스
Crassula arborescens

녹태고는 회색빛이 도는 초록 잎이 달려 있는데, 같이 있으면 놀라울 정도로 마음이 차분해지는 식물이에요. 가까이 들여다보면 잎 표면에 붉은색의 작은 반점이 있고 가장자리는 독특한 적갈색을 띠어요.

가꾸기

크기 야외에서 키우면 높이 1.2m, 너비 1.8~2.7m까지 자라요.

흙 물이 잘 빠지는 약산성(pH 6.0)의 다육식물 혼합토를 즐겨요. 여름이 시작될 때 방출조절비료를 줘요.

물 여름에는 흙의 2/3가 말랐을 때만 한 번씩 주고, 겨울에는 매달 듬뿍 줘요.

꽃 드물게도 겨울철에 꽃이 펴요! 운이 좋으면 하얀색이나 연분홍색 꽃을 볼 수 있어요.

주의 벚나무깍지벌레와 곰팡이 병을 조심하고, 물을 너무 많이 주지 말아요.

스타일링

녹태고는 창턱에서 햇볕 쬐기를 좋아해요. 둥글고 통통한 잎은 여러분의 우아한 손길이 잘 닿을 수 있는 장소에 두면 훨씬 더 좋아요. 플랜테리어 식물로 인기가 좋으며 심플하면서 수수한 효과를 내려면 질감이 느껴지는 화분과 짝을 맞춰봐요.

백도선선인장

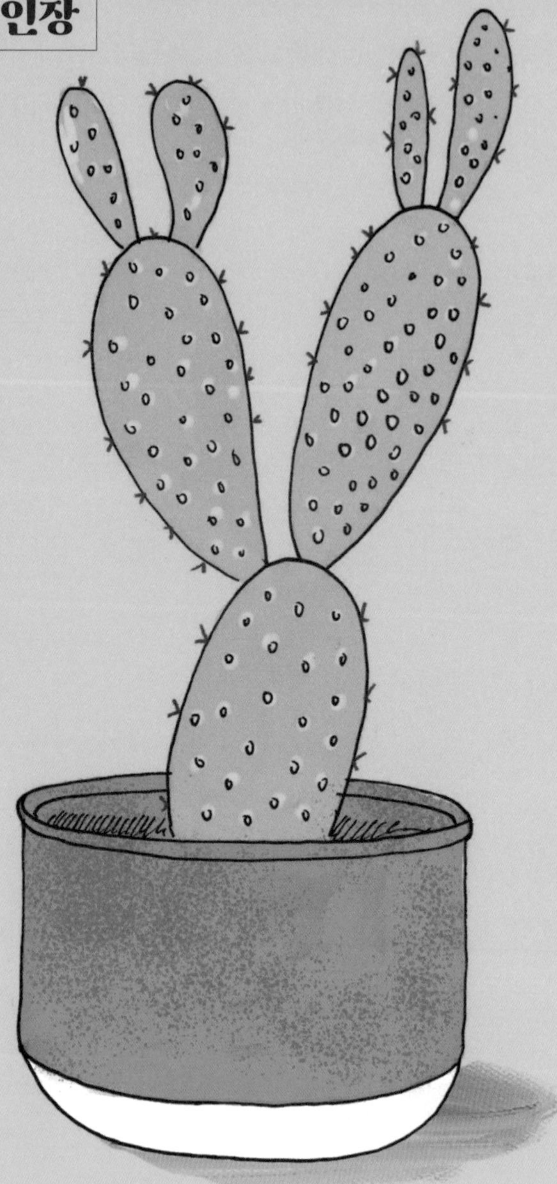

오푼티아 마이크로데이시스 알바타
Opuntia microdasys albata

이 선인장의 애칭(토끼귀선인장)이 어떻게 지어졌는지는 안 봐도 너무 뻔해요. 귀처럼 생긴 초록색의 넓은 잎은 귀엽지만 껴안을 수는 없는 토끼와 같아요. 작은 가시가 촘촘히 박힌 이 친구는 안전한 거리에서 바라보는 게 최고예요.

가꾸기

크기 높이 60cm, 너비 12cm까지 자라요.

흙 모래가 섞인 흙에서 잘 자라요. 여름에 매달 질소가 적은 비료를 주면 좋아하지만, 겨울이 시작되기 전의 한 달은 주지 말아요.

물 여름에는 흙을 촉촉하게 유지하되 흠뻑 젖게 하지 말아요. 겨울에는 마르게 둬요!

꽃 노란색이나 복숭아색 꽃이 핀 다음에 자줏빛의 붉은 열매가 열려요.

주의 해충의 피해를 입거나 온도가 뚝 떨어지면 몸통이 갈색으로 변해요.

스타일링

백도선선인장은 햇빛을 좋아해서 봄부터 늦가을까지 강한 햇빛이 들어오는 창턱에 두면 좋아요. 하지만 이 아이는 겨울 내내 겨울잠을 자는 습관이 있어서 더운 곳에는 두면 안 돼요(10~18도의 온도가 딱 좋아요).

썬버스트 철화

아이오니움 데코룸 썬버스트
Aeonium decorum sunburst

이 활기 넘치는 식물은 카나리아 제도에서 왔어요. 썬버스트라는 이름은 생김새가 햇살이 퍼진 모양 같고 가장자리가 구릿빛이라는 점에서 붙여졌어요. 이 아이를 집에 들인다면 어떤 식물들보다 멋져 보일 테니, 친구들이 질투하지 않게 조심해요.

가꾸기

크기 높이 45cm, 너비 20cm까지 자라요.

흙 모래가 섞인 혼합토를 좋아해요.

물 성장기인 여름에는 한 달에 2번 정도 주고, 겨울에는 흙이 완전히 말랐을 때만 줘요.

꽃 다 자라면 하얗고 노란 꽃을 피운 후 시들어요.

주의 뿌리가 썩었다면 썩은 부분을 잘라내고 잎을 흙 속에 묻어 번식시켜요.

스타일링

썬버스트 철화는 햇빛이 꼭 필요해요. 너무 습하지 않으며, 햇볕이 잘 들고 바람이 잘 통하는 곳에 둬요. 이 친구는 적절한 무대 조명을 받으면 창가나 책꽂이, 테이블 위에서 의기양양하게 자신을 뽐내며 멋진 모습을 보여줄 거예요.

기둥선인장

세레우스 플로리다
Cereus florida

이 친구는 꼿꼿한 기둥 모양에 등줄기를 따라 가시가 수직으로 툭 튀어나와 있어요. 마치 밀랍으로 된 작은 양초와 같아요. '밤에 꽃 피우는 선인장Nightflowering Cactus'으로 불리기도 하는데, 밤에 딱 한 번만 꽃을 피우는 습성에서 따왔어요.

가꾸기

크기 높이 1.8~2.4m까지 자라요.

흙 물이 잘 빠지는 흙을 써요. 여름에는 매달 선인장용 비료를 듬뿍 줘요.

물 여름에는 매주 흙이 흠뻑 젖을 정도로 주되, 흙이 완전히 마른 다음에 줘요. 겨울에는 몇 주에 한 번만 줘도 충분하니까 그냥 두면 돼요.

꽃 운이 좋다면 나팔처럼 생긴 향기로운 하얀 꽃이 밤에 폈다가 새벽에 시드는 걸 볼 수 있어요.

주의 누렇게 시들지 않도록 물을 적당히 줘요.

스타일링

햇빛이 충분하고 바람이 잘 통하는 곳이라면 기둥선인장이 정말 좋아할 거예요. 여러분의 집에 찾아오는 손님을 맞이할 수 있도록 현관에 두는 건 어떤가요? 테라코타화분에 심으면 집안 분위기를 우아하게 만들어줄 거예요.

우주목

크라슐라 오바타 골룸
Crassula ovata gollum

우주목은 윤기 나는 초록색 관이 달린 식물로 관 끝에 붉은 빛이 돌아서 더 예뻐요. '파이프 오르간 식물Pipe Organ Plant'이라는 별명답게 부드러운 잎들이 하늘 높이 솟아올라 웅장한 교향곡을 연주하는 것 같아요.

가꾸기

크기 높이 80cm, 너비 40cm까지 자라요.

흙 물이 잘 빠지는 모래가 섞인 선인장 퇴비를 주면 좋아요. 여름에 3번 10-10-10 비율의 비료를 줘요(비료 포장지에 적힌 질소, 인산, 칼리 비율 참고-옮긴이).

물 여름에는 흙이 완전히 마르면 조금 줘요. 겨울에는 별로 많이 마시지 않아요.

꽃 한겨울에 분홍빛이 도는 하얀색 별 모양의 꽃이 펴요!

주의 벚나무깍지벌레, 진딧물을 조심해요. 위험하니까 반려동물이 주변에 오지 못 하게 해요!

스타일링

이 우아한 우주목은 분재나무로 키우기 좋아요. 테라코타화분에 심으면 잘 어울리고, 식물이 무거워지더라도 균형을 잘 잡아줘요. 이 아이는 햇빛을 듬뿍 받으면 붉게 빛나니까 그 모습을 보기 위해서라도 그늘진 장소는 피해요.

파인애플선인장

코리판타 술카타
Coryphantha sulcata

이 친구가 꽃 피우는 모습을 봤다면 이름을 어떻게 지었는지 찾아볼 필요 없을 거예요. 꽃이 활짝 피면, 상큼하고 생기 넘치는 파인애플과 꼭 닮았거든요. 하지만 별처럼 생긴 가시를 조심해요!

가꾸기

크기 높이와 너비는 8~12cm까지 자라요.

흙 모래와 그릿이 섞인 선인장 혼합토에 석영 자갈과 부석을 약간 넣어주면 정말 고마워해요. 여름마다 한 번씩 중간 강도로 희석한 선인장 비료를 줘요.

물 물을 너무 많이 주면 싫어하니까, 여름에는 물을 최소한으로 주고 겨울에는 꽤 마른 상태로 둬요.

꽃 머리 꼭대기에서 꽃이 피어나요! 초봄에 하얀색이나 분홍색 꽃을 피우거나 늦은 봄에 금빛 꽃을 피워요.

주의 썩기 쉬우니까 습기가 너무 많지 않게 하고, 응애와 벚나무깍지벌레를 조심해요.

스타일링

열대과일인 파인애플처럼 햇빛을 충분히 받으면 아주 잘 자라요. 약간 건조하고 바람이 잘 통하는 곳에 둬요. 실뿌리를 잘 담아낼 수 있을 정도의 아주 얕은 화분에 담으면, 여러분의 친구는 참을 수 없을 정도로 귀여워져요.

펄 폰 뉘른베르크

에케베리아 펄 폰 뉘른베르크
Echeveria perle von nürnberg

‘뉘른베르크의 진주’란 이름을 가진 이 친구는 꽃꽂이와 결혼식 부케로 인기가 많아요. 영국 왕립원예학회에서 주는 ‘가든 메리트상’도 받았어요! 유명세가 이렇게 대단한데도, 이 아이는 언제든지 여러분의 집에서 살게 된다면 행복해할 거예요.

가꾸기

크기 너비 15cm까지 자라요.

흙 약산성(pH 6.0)의 물이 잘 빠지는 다육식물 혼합토를 좋아해요. 여름이 시작될 때 방출조절비료를 좀 주면 좋아요.

물 봄여름에는 한 달에 2번 정도 주고, 겨울에는 매달 줘요.

꽃 꽃을 많이 피우는 편이에요. 1년에 5~6번 정도 붉은 줄기에서 분홍색이나 노란색 꽃을 활짝 피워요.

주의 뿌리 썩는 것과 곰팡이 병, 시든 잎(벚나무깍지벌레가 모여든다는 신호예요)을 조심해요.

스타일링

펄 폰 뉘른베르크는 당당한 모습에서 우러나오는 우아한 색과 모양 덕분에 햇빛이 비치는 창턱에 올려두면 신비로워요. 새벽에 이슬이 맺히는 모습은 웬만한 꽃보다 예뻐요. 화장실, 침실, 아기방 등 어디에 둬도 잘 어울려요.

홍옥

세둠 루브로팅툼
Sedum rubrotinctum

젤리빈처럼 생긴 방울들이 제멋대로 늘어진 줄기에 매달려 있어요. 터질 듯한 초록색 잎들이 여름 햇볕에는 구릿빛으로 변하기도 해서, '돼지고기와 콩 식물Pork and Beans Plant'이라는 별명이 있어요.

가꾸기

크기 높이 30cm까지 자라요.

흙 물이 잘 빠지는 흙이면 다 괜찮고, 다육식물이나 선인장 혼합토가 잘 맞아요. 봄여름에는 매달 선인장이나 다육식물 비료를 줘요.

물 봄여름에는 물 주는 사이사이에 흙이 마르는 걸 꼭 확인해요. 건조한 상태에 익숙해서 물이 적은 편이 더 좋아요.

꽃 봄 중순에 잎 사이에서 선명한 노란색의 별 모양 꽃이 모습을 드러내요.

주의 홍옥에는 독이 있어서 여러분이 맨손으로 만져선 안 되고 반려동물이 가까이 다가오는 것도 위험해요.

스타일링

홍옥은 직사광선이 어느 정도 들어오는 베란다나 창턱을 좋아해요. 무성한 줄기를 늘어뜨리는 이 친구는 땅딸막한 화분이나 천장에 걸어두는 바구니에 넣으면 정말 귀여워 보여요.

천년초

오푼티아 불가리스
Opuntia vulgaris

몹시 뾰족한 가시가 툭 튀어나와 있는 천년초에는 "이 식물을 조심해요."라는 경고문이 자주 붙어요. 정말 놀랍게도 이 식물은 먹을 수 있는 열매가 열려요! 잎과 즙은 치료제로 쓰이고, 붉은 열매는 사탕과 포도주를 만들 수 있어요.

가꾸기

크기 높이 2m까지 아주 크게 자라고, 잎은 옆으로 45cm까지 자라요.

흙 모래와 참흙이 깔린 흙을 좋아해요. 봄부터 가을에 걸쳐 매달 5-10-10 비율의 비료를 줘서 꽃을 피우게 해요.

물 사막의 선인장이라 목마르지 않아요. 여름에는 일주일에 1~2번 주고, 가을과 겨울에는 한 달에 1~2번 주면 돼요.

꽃 봄부터 쭉 아주 멋진 노란색 꽃이 펴요.

주의 곰팡이 부패를 조심해요. 곰팡이가 핀 부분을 잘라내고 자른 부위를 살충제로 치료해요.

스타일링

손이 자주 닿는 곳에 천년초를 두지 말아요! 볼 수는 있지만 가까이 가지 않는 창턱이 가장 좋아요. 천년초는 햇빛을 잔뜩 받는 걸 좋아하는데, 그 이유는 따뜻하면 멕시코 출신이라는 사실이 떠올라서일 거예요.

연필선인장

유포르비아 티루칼리
Euphorbia tirucalli

연필선인장은 쓰다 말아서 크기가 제각각인 연필이 가득한 연필꽂이처럼 생겼어요. 카멜레온처럼 변화무쌍한 줄기는 쌀쌀한 겨울철에는 강렬한 붉은색(별명이 '불 붙은 나뭇가지'랍니다.)으로 자라고, 여름에는 부드러운 노란색으로 자라요.

가꾸기

크기 높이 7.5m, 너비 3m까지 뻗어 나가요.

흙 물이 적당히 빠지는 약산성(pH 6.0) 흙으로 집을 만들고, 여름이 시작될 때 방출조절비료를 줘요.

물 여름에는 매주 넉넉히 주고 겨울에는 덜 줘요. 이 녀석은 뿌리가 썩기 쉬운 편이니까 물을 적당히 줘요.

꽃 옅은 노란색의 작은 꽃이 피는데 여러분의 마음을 확 끌어당길 정도는 아니에요.

주의 뿌연 수액을 조심해요. 잘린 줄기에서 해로운 잔여물이 새어 나와서 피부에 자극을 일으키고, 눈이 화끈거리게 만들 수 있으니까 만질 때 꼭 장갑을 껴요.

스타일링

이 친구는 햇빛을 잔뜩 쬐고 싶어 하니까, 밝은 곳에 둬서 생기 있게 해줘요. 이 친구를 자신의 보금자리에서 제멋대로 자라게 놔두면, 여러분이 사생활을 보호하길 원하는 곳에 멋진 울타리를 만들어줘요.

비모란선인장

짐노칼리시움 미하노비치
Gymnocalycium mihanovichii

화려한 샤워 캡 같은 꽃이 피는 이 식물은 스스로 엽록소를 만들어서 머리 꼭대기에 접붙이기하다 보니, 그 결과 머리가 분홍색, 노란색, 빨간색으로 강렬한 선인장이 되었어요.

가꾸기

크기 너비 15cm까지 자라요.

흙 흙이 눅눅하지 않게 해주고, 모래와 참흙이 섞인 혼합토를 주면 만족해요.

물 어릴수록 여름의 몇 달 동안에는 매주 물을 주며, 겨울에는 어쩌다 한 번쯤 줘요.

꽃 머리에서 솟아 나오는 꽃이 피면 제법 인상적이에요.

주의 2년쯤 지나면 새로운 친구에게 접붙이기해요.

스타일링

남아메리카 출신인 비모란선인장은 원래 덤불에서 지내면서 그늘과 해를 번갈아가며 즐겼어요. 그러니 직사광선에 데여 물집이 생기지 않게 주의해요. 빨강, 노랑, 파랑 등 색감이 톡톡 튀는 화분에 담아 햇빛이 들어오는 창턱, 부엌, 책상 위에 두면 좋아요.

데저트 캔들

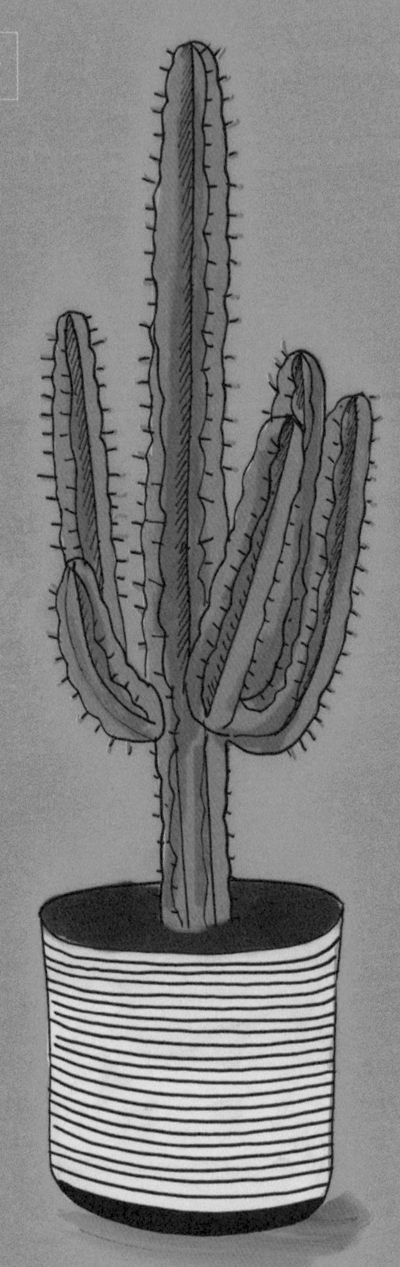

유포르비아 아쿠렌시스
Euphorbia acurensis

사막의 양초라는 이름에 걸맞게 웅장한 촛대 모양을 한 이 아이는 선인장과 닮았지만 사실 다육식물이에요. 가시가 나 있어서 많이들 헷갈리지만 엽맥은 없답니다. 이 식물의 줄기 꼭대기에서 자라는 아주 작고 여린 잎은 기대하고 볼 만해요.

가꾸기

크기 높이 3m, 너비는 화분의 크기만큼 자라요.

흙 물이 잘 빠지고 모래와 백악(연한 석회암 – 옮긴이), 참흙이 섞인 혼합토를 주며, 매달 중간 강도로 희석한 다육식물 비료를 줘요.

물 여름에는 일주일에 1번씩 흙이 마른 다음에 줘요.

꽃 봄철에 작고 노르스름한 초록색 꽃이 펴요.

주의 식물을 자르면 하얗고 뿌연 수액이 새어 나오는데, 그 안의 독이 피부에 자극을 일으킬 수 있어요. 데저트 캔들 자체에도 독이 있어서 고양이와 개에게 위험해요.

스타일링

사막 출신인 이 친구는 햇빛을 간절히 원해요. 하지만 직사광선을 너무 많이 쬐면 화상을 입을 수 있으니, 창가에 두는 게 가장 좋아요. 점점 자라면서 잎이 무거워지면 화분에 부담이 되니까 처음부터 튼튼한 화분을 골라 사용해요.

중국돈나무

필레아 페페로미오이데스
Pilea peperomioides

오래된 이야기에 따르면 동전을 땅에 묻으면 이 돈나무가 자라서 부자가 된다고 해요. 동전이 주렁주렁 달린 듯한 모양의 이 친구는 사람을 이끄는 구석이 있어서 실내화초로 인기가 아주 좋아요.

가꾸기

크기 높이 30cm까지 자라요.

흙 물이 잘 빠지고 모래와 백악이 섞인 흙이면 좋아해요. 매달 또는 성장기(봄부터 이른 가을까지)에 비료를 줘도 되지만 반드시 줄 필요는 없어요.

물 물뿌리개나 분무기로 물을 촉촉하게 뿌려주는 것이 가장 좋아요. 따뜻한 달에 활동적이므로 그때는 물을 더 줘야 하지만, 대체로 흙이 마른 상태로 둬야 해요.

꽃 분홍색 꽃이 눈에 띄지 않게 피는데, 여름에 볼 수 있어요.

주의 뿌리 썩는 것이 문제가 돼요.

스타일링

거실에 있는 간접 조명에서도 무럭무럭 잘 자라요. 하지만 이 녀석의 작은 잎들은 태양을 향해 뻗으려고 할 거예요! 매주 화분을 빙그르 돌려서 한 방향으로 자라지 못하게 해요.

명나라선인장

세레우스 포르베시 몬스트로스
Cereus forbesii monstrose

이 아르헨티나에서 온 친구는 식물의 엄마아빠만이 사랑할 수 있답니다. 이 아이는 '세레우스 포르베시'가 변한 품종으로 외계인처럼 괴상하게 생겼거든요. 유전자 돌연변이 때문에 잎의 끝부분이 기이한 형태로 자랐어요.

가꾸기

크기 야생에서는 높이 30cm, 너비 45cm까지 자라며, 실내화초는 높이와 너비 9cm까지 자라요.

흙 자갈이 많고 물이 잘 빠지는 흙을 좋아해요.

물 여름에는 매주 물을 주되, 흙이 말랐는지 꼭 확인하고 물을 줘요. 겨울에는 전혀 목이 마르지 않아서 물을 너무 많이 줬다간 배가 불룩해져요!

꽃 전혀 피지 않아요. 흑흑.

주의 뿌리 썩는 것, 과습, 빠른 성장을 조심해요(필요한 만큼 자주 분갈이해줘요).

스타일링

희한하게 생긴 이 녀석은 햇빛이 잔뜩 들어오는 곳을 가장 좋아해요. 이 녀석을 창턱에 놓아두어 빛을 쬐여주세요. 습기를 꼭 피해야 하니까 화장실이나 부엌은 절대 안 돼요.

러브체인

세로페기아 우디
Ceropegia woodii

마음을 확 끌어당기는 이 아이는 대리석 무늬의 은빛 잎이 우아하게 늘어져 있어요. 덩굴이 너무 길어지면, 가지치기해서 아기 식물을 더 많이 만들어요. 줄기 4~5개를 10~15cm 길이로 잘라서 흙 속에 심은 뒤 유리 뚜껑으로 덮어서 촉촉하게 해줘요.

가꾸기

크기 2~5년 후에 1m까지 뻗어요.

흙 1년에 2~3번 물이 잘 빠지는 모래와 참흙이 든 선인장 혼합토가 좋아요. 질소 성분이 적은 액체비료를 주면 뛸 듯이 기뻐할 거예요.

물 많이 목마르지 않아서 흙이 완전히 말랐을 때만 줘요.

꽃 여름에 분홍색이나 보라색의 손전등 모양 꽃이 피면 정말 멋져요. 가끔 원통형의 열매가 열린 다음에 부드럽고 촘촘한 씨앗이 생겨요.

주의 물이 너무 많으면 뿌리가 썩어 식물이 말라죽는 기저부 부패를 조심해요. 잎이 노랗게 변하면 위험하다는 신호죠.

스타일링

러브체인은 아주 유명한 행잉플랜트 중 하나예요. 천장에 걸어두는 바구니나 높은 선반에 두기에 딱 좋아요. 햇빛을 즐기는 앙증맞고 친근한 아이지만, 꽤 너그러운 편이라 집 안 어디에 둬도 편하게 지내요.

멕시칸 스노우볼

에케베리아 엘레강스
Echeveria elegans

〈겨울왕국〉의 엘사가 떠오르는 이 친구는 청회색과 은빛을 은은하게 발해요. 에케베리아 친구들 중에서도 추위에 가장 잘 견뎌서 영하 4도까지 떨어져도 끄떡없어요.

가꾸기

크기 높이 20cm, 너비 30cm까지 자라요.

흙 약산성(pH 6.0)의 물이 잘 빠지는 다육식물 혼합토가 좋아요. 여름이 시작될 때 방출조절비료가 필요해요.

물 흙이 말랐을 때만 주고 겨울에 오래 자는 동안에는 전혀 줄 필요가 없어요. 여러분이 자고 있을 때 누가 물을 쏟아 붓는다면 기분이 어떻겠어요?

꽃 늦은 겨울과 봄에 선명한 분홍색의 구부러진 줄기에서 노란색 꽃이 피어나요. 정말 볼 만해요!

주의 뿌리 썩는 것과 곰팡이 병을 조심하고, 벚나무깍지벌레는 시들어버린 잎을 집으로 삼을 수도 있으니까 잘 살펴요.

스타일링

창턱을 정말 좋아하는 멕시칸 스노우볼은 적당한 햇빛이 필요해요. 비취색이 나는 신비로운 청자 느낌의 화분에 담으면 한여름의 무더위를 날리는 시원한 자태를 뽐낼 거예요.

크리스마스선인장

쉬룸베르게라 x 부클레이
Schlumbergera x buckleyi

축제를 연상시키는 이 친구는 크리스마스 시기에 피는 예쁜 꽃이 크리스마스 트리의 화려한 불빛을 닮았어요. 잎의 가장자리가 물결 모양인데(그래서 게발선인장이라고도 불려요-옮긴이), 그 무게가 무겁기 때문에 줄기가 늘 아래로 축 처져 있어요.

가꾸기

크기 너비와 높이는 45cm까지 자라요.

흙 선인장 혼합토 또는 참흙이 좋아요. 성장기(봄부터 가을까지)에는 액체비료를 줘요.

물 다른 사막 친구들보다 물과 습기를 좋아해요. 하지만 꽃을 피운 다음부터는 겨울에 한동안 쉬게 해주고, 흙이 완전히 마르지 않을 정도로만 물을 줘요.

꽃 나팔 모양의 꽃이 길이 7cm가 넘게 자라요. 꽃이 예쁘기로 유명하지만, 보기는 쉽지 않을 거예요.

주의 줄기가 누렇게 시들거나 쭈그러들면 햇빛이 너무 강하다는 뜻이에요.

스타일링

직사광선이 들지 않는 곳에 놓아요. 자갈로 가득 채운 받침 위에 화분을 올려두고 자갈을 촉촉하게 해주면 좋아할 거예요. 이 선인장은 화분이 너무 크면 잘 자라지 않는다는 점을 기억해요.

황금사선인장

맘밀라리아 에론가타
Mammillaria elongata

가시가 있고 울퉁불퉁한 이 식물은 멕시코 출신이에요. 물을 저장하는 둥근 돌기가 있어서 다른 선인장들과 등줄기가 다르게 생겼어요.

가꾸기

크기 높이 15cm, 옆으로 45cm까지 자라요.

흙 물이 잘 빠지는 참흙과 모래가 깔린 흙에서 아주 기분 좋게 지내요. 여름에는 2~3주마다 균형 잡힌 액체비료를 간절히 원해요.

물 여름에는 시들지 않을 정도로만 주고, 봄부터 가을까지는 더 자주 줘요. 흙이 말랐는지 꼭 확인하고 줘요.

꽃 봄에 종종 노랗고 하얀 컵 모양의 꽃이 모습을 드러내요.

주의 벚나무깍지벌레와 뿌리 썩는 것을 조심해요.

스타일링

황금사선인장은 밝은 곳을 좋아하는데 햇빛을 너무 많이 쬐면 더 울퉁불퉁해져요. 화분의 모양에 따라 성장하는데, 좁은 화분에서는 크게 자라고 넓은 그릇에서는 짧고 뻣뻣하게 자라요.

난봉옥선인장

아스트로피튬 미리오스티그마
Astrophytum myriostigma

난봉옥선인장은 가시에 찔리고 싶지 않은 겁 많은 분에게 좋은 선택이랍니다. '추억의 동서남북' 종이접기처럼 생긴 잎을 가진 토실토실한 이 녀석은 여러분이 편안하게 쓰다듬을 수 있는 유일한 선인장이에요!

가꾸기

크기 20년 후에 높이 20cm, 너비 20~30cm까지 자라요.

흙 참흙이나 토탄(식물의 잔해가 퇴적된 것-옮긴이)이 조금 포함된 다공성 선인장 흙이 좋아요. 성장기(가을과 봄)에는 20-20-20의 비율로 균형 잡힌 희석된 비료를 줘요.

물 여름에는 한 달에 2번 정도 주고 겨울에는 주지 않아도 돼요.

꽃 여름에 연노란색 꽃을 피운 후에 붉거나 초록의 열매가 모습을 드러내기도 해요.

주의 물을 너무 많이 주면 진딧물, 깍지벌레, 벚나무깍지벌레가 몰려와요(윽, 징그러!).

스타일링

여름에는 하루에 몇 시간 동안 햇빛을 쬐게 해주고 겨울철 몇 달 동안에는 난방 열기를 피해줘요. 별 모양으로 접힌 듯한 생김새 덕분에 테이블이나 책상 위에 두면 시선을 사로잡는 톡톡 튀는 장식물이 된답니다.

이부인

리톱스 살리콜라
Lithops salicola

이 친구는 외계인처럼 특이하게 생겼어요. 하지만 이 아이는 단지 사랑을 원하기 때문에 한 쌍으로 잎이 나는 것뿐이에요. 빨리 아기 식물을 낳으려는 귀여운 커플이죠!

가꾸기

크기 수십 년 후에 너비 25cm까지 자라요.

흙 남아프리카의 암석 틈새에 익숙해서 모래가 섞인 흙을 좋아해요. 따로 비료를 줄 필요가 없어요.

물 까다로운 이 친구는 여름과 겨울에 쉬고 있을 때 물을 주려고 하면 짜증 내요. 꽃을 피우거나 성장기(가을과 봄) 때는 목이 마르지만, 여전히 조심스럽게 줘요.

꽃 가을에 데이지처럼 생긴 꽃이 너비 5cm까지 자라요.

주의 물을 많이 주면 몸에 상처가 날 거예요!

스타일링

이 식물은 창턱이나 밝은 빛이 들어오는 사무실의 책상 위를 좋아해요. 이 녀석이 얼마나 똑똑한지 친구들에게 자랑해봐요. 주변에 놓인 돌을 흉내 내거나 흙 속에 몸의 대부분을 숨긴 채 잎의 끝부분만 드러내서 굶주린 초식동물의 눈을 속인답니다.

백단선인장

에키놉시스 케마이케레우
Echinopsis chamaecereus

백단선인장은 음악 페스티벌을 즐기는 것처럼 허공을 향해 통통하고 뭉툭한 팔을 흔드는 야생식물이에요. 부드럽고 하얀 털이 짧게 나 있어 귀엽지만 행동만큼은 대담해요.

가꾸기

크기 줄기는 높이 15cm, 지름은 1.5cm까지 자라요.

흙 영양분이 풍부하고 물이 잘 빠지는 흙을 써요.

물 다른 다육식물보다 더 갈증을 느끼는 편이므로, 흙이 거의 말랐을 때 물을 듬뿍 줘요. 겨울철에는 가끔씩 물뿌리개나 분무기로 물을 뿌려주면 좋아해요.

꽃 여러분이 운이 좋다면, 봄에 주황색 꽃이 아름답게 피는 모습을 볼 수 있어요.

주의 벚나무깍지벌레, 깍지벌레, 응애(겨울철)를 조심해요.

스타일링

매끄러운 질감의 화분에 심으면 잘 어울려요. 백단선인장은 성장기인 여름에는 강한 햇빛을 좋아하고 심지어 야외로 나가는 것을 꽤 즐기지만, 태양에 적응하면서 천천히 즐겨야 화상을 입지 않아요.

컬리락

에케베리아 컬리 락스
Echeveria curly locks

잎이 동그랗게 말린 이 귀염둥이는 주름지고 연한 초록 잎이 나선형의 로제트로 자라요. 잎을 씹으면 치통이 줄어들고, 잘라서 염증이 생긴 피부에 붙이면 진정된다는 소문이 있어요. 이 아이는 초록 여신이 아닐까요?

가꾸기

크기 다 자라면 지름 25cm, 높이 30m까지 클 수 있어요.

흙 약산성(pH 6.0)의 흙에 물이 잘 빠지는 다육식물 혼합토를 약간 섞어요. 여름이 시작될 때 방출조절비료를 줘요.

물 여름에는 잎 아래쪽으로 일주일에 한 번만 줘요. 물을 너무 많이 주면 색이 변할 수 있어요. 겨울에 잎이 시들지 않게 하려면 2~4주마다 물을 듬뿍 줘요.

꽃 봄여름에 밝은 주황색이나 붉은 꽃이 펴요.

주의 벚나무깍지벌레를 조심해요. 뿌리 썩는 것과 곰팡이 병, 줄기가 늘어지는 것을 주의해요.

스타일링

얕고 넓은 화분에 다른 에케베리아속 식물들(65, 91, 109페이지 참고)을 함께 어우러지게 심어서 색과 촉감이 다양한 미니 정원을 만들어요. 햇빛과 그늘이 적절히 섞인 창턱이나 베란다에 식물 운동장을 만들어도 좋아요!

금빛백합선인장

에키놉시스 오레아
Echinopsis aurea

고슴도치처럼 뾰족한 가시가 달린 외로운 이 아이는 홀로 지내는 걸 좋아해요. 노란 꽃을 활짝 피워서 금빛백합이라 불리는 이 친구의 몸통에는 이름과는 다르게 14~15개의 예리한 등줄기가 나 있어요.

가꾸기

크기 높이 15cm, 지름 4~10cm까지 자라요.

흙 까다롭지 않아서 일반 선인장 혼합토라면 괜찮아요.

물 규칙적으로 주되 싹이 날 때는 흙이 바짝 마르지 않도록 해줘요. 가을에는 조금만 줘도 돼요.

꽃 꽃이 1년 내내 곳곳에서 피며, 크기가 몸 전체를 가릴 정도로 크지만 딱 하루만 펴요.

주의 가시를 조심해요!

스타일링

금빛백합선인장은 뿌리가 짧아서 얕은 화분에서 아늑하게 지내요. 가시 때문에 만질 수는 없지만 잘 보이는 곳에 두고 금빛 꽃을 감상해봐요. 이 아이는 봄에 꽃이 필 때면 햇빛과 온기를 간절히 원하지만, 다른 때에는 그늘이 좀 지더라도 괜찮아요.

성을녀

크라슐라 페르포라타
Crassula perforata

남아프리카 태생의 이 아이는 콩나물처럼 쑥쑥 자라는 점이 큰 특징이랍니다. 성을녀는 각각의 송이에 붉은 테두리가 있는 노란색 잎이 나면서 더욱 다채로워져요. 자랄수록 잎은 천천히 청록색으로 짙어지게 돼요.

가꾸기

크기 높이 60cm, 너비 1m까지 자라요.

흙 물이 잘 빠지는 약산성(pH 6.0) 흙을 주고, 여름이 시작될 때 방출조절비료를 주면 정말 좋아해요.

물 여름에는 일주일에 한 번만 주고, 겨울에 쉴 때는 흙이 완전히 말랐는지 확인한 후 가끔씩 줘요.

꽃 봄에 연노란색 꽃이 피면 즐거운 파스텔 파티가 열려요!

주의 벚나무깍지벌레를 조심하고, 곰팡이 병은 곰팡이 방지 약으로 상처를 치료하면 전염되지 않아요.

스타일링

연한 초록색과 붉은색을 띠는 성을녀는 햇빛과 그늘이 한데 어우러진 곳에 두면 색이 풍부해서 멋져 보여요. 좀 특별해 보이고 싶다면 물이 적당히 잘 빠지는 테라리움에 넣고 길러봐요.

옥주염

세듐 모르가니아눔
Sedum morganianum

사랑스러운 잎이 무성한 이 아이는 통통한 물방울 모양의 녹색 잎을 꼬리처럼 달고 있어요. 수수한 생김새와 아주 편안한 성격 때문에 제가 가장 좋아하는 아이 중에 하나랍니다.

가꾸기

크기 줄기가 60cm까지 자라요.

흙 일반 선인장 혼합토와 잘 맞아요. 여름이 시작될 때 방출 조절비료를 줘요.

물 봄여름에는 겉흙이 마르면 듬뿍 줘요. 겨울에는 매달 주되, 아주 조심스럽게 줘요. 잎이 연해지면 물을 너무 많이 줬다는 뜻이고, 잎이 마르고 갈색 반점이 생기면 목마르다는 신호예요.

꽃 늦여름에 붉거나 노랗거나 하얀 꽃송이가 매달리는 장관이 펼쳐져요.

주의 뿌리 썩는 것을 조심하고 잎이 약하니 조심스레 다뤄요!

스타일링

옥주염은 천장에 걸어두거나 높은 선반 위에 올려두면 아주 앙증맞아요. 강한 햇빛을 쬐면 탈 수 있으니까 적당한 빛이 들어오는 창턱이나 선반이 딱 좋아요.

거미바위솔

셈페르비붐 아라크노이데움
Sempervivum arachnoideum